" Ce n'est pas
la profession qui
honore l'homme
mais c'est l'homme
qui honore
la profession.

Louis Pasteur

Ce carnet appartient à :

Projet :   Page :

Projet : _____ Page : _____

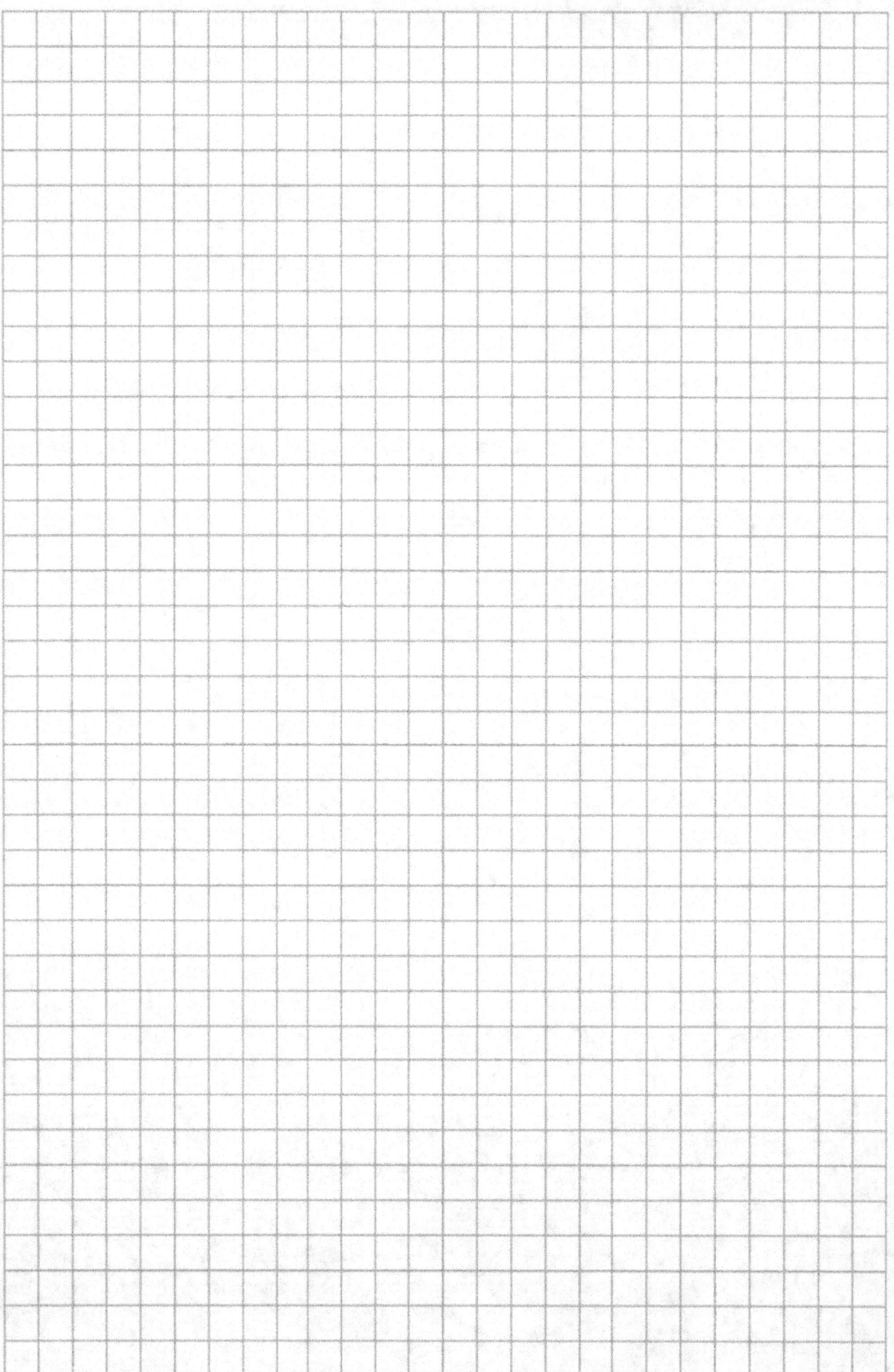

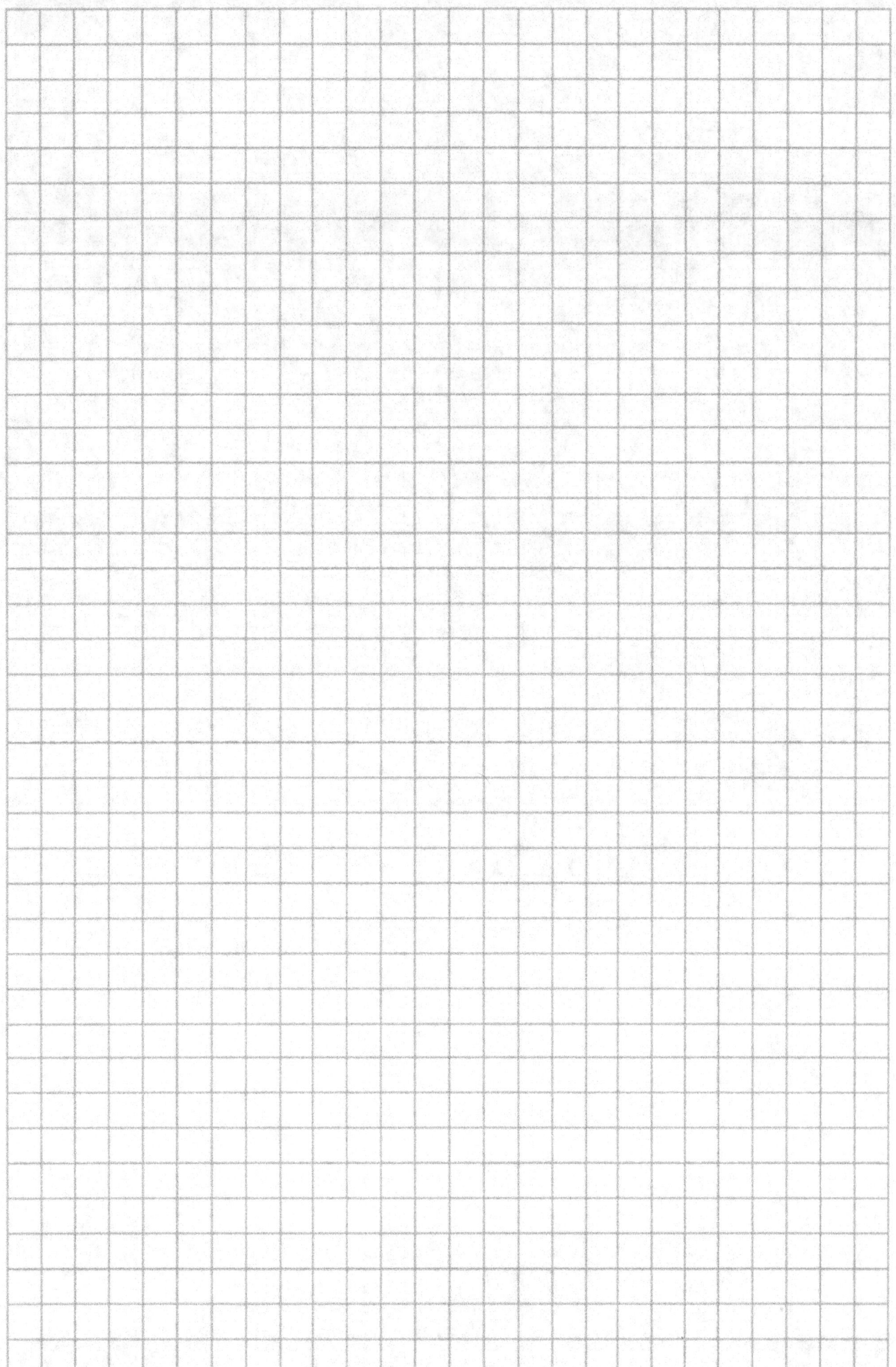

4

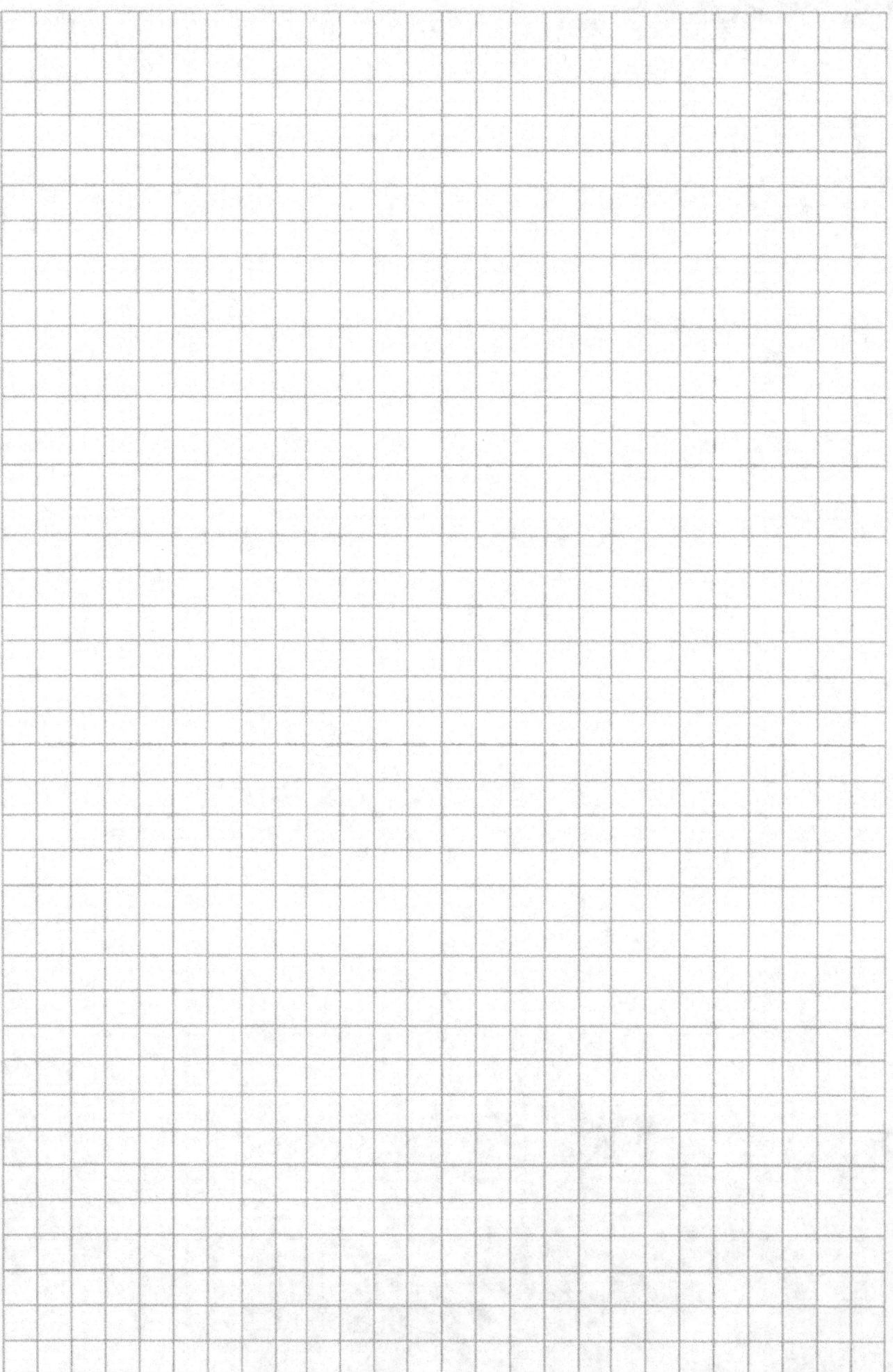

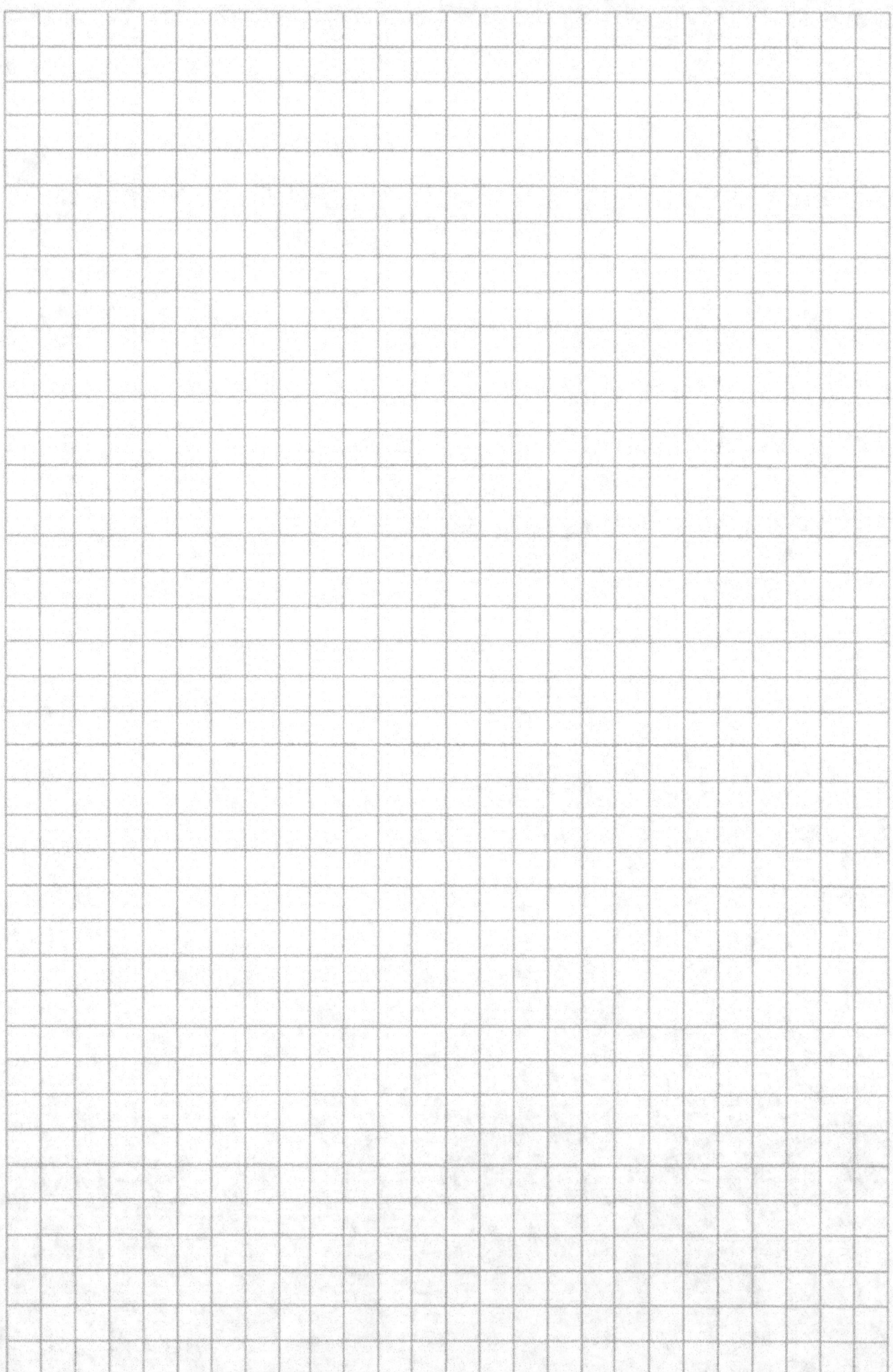

11

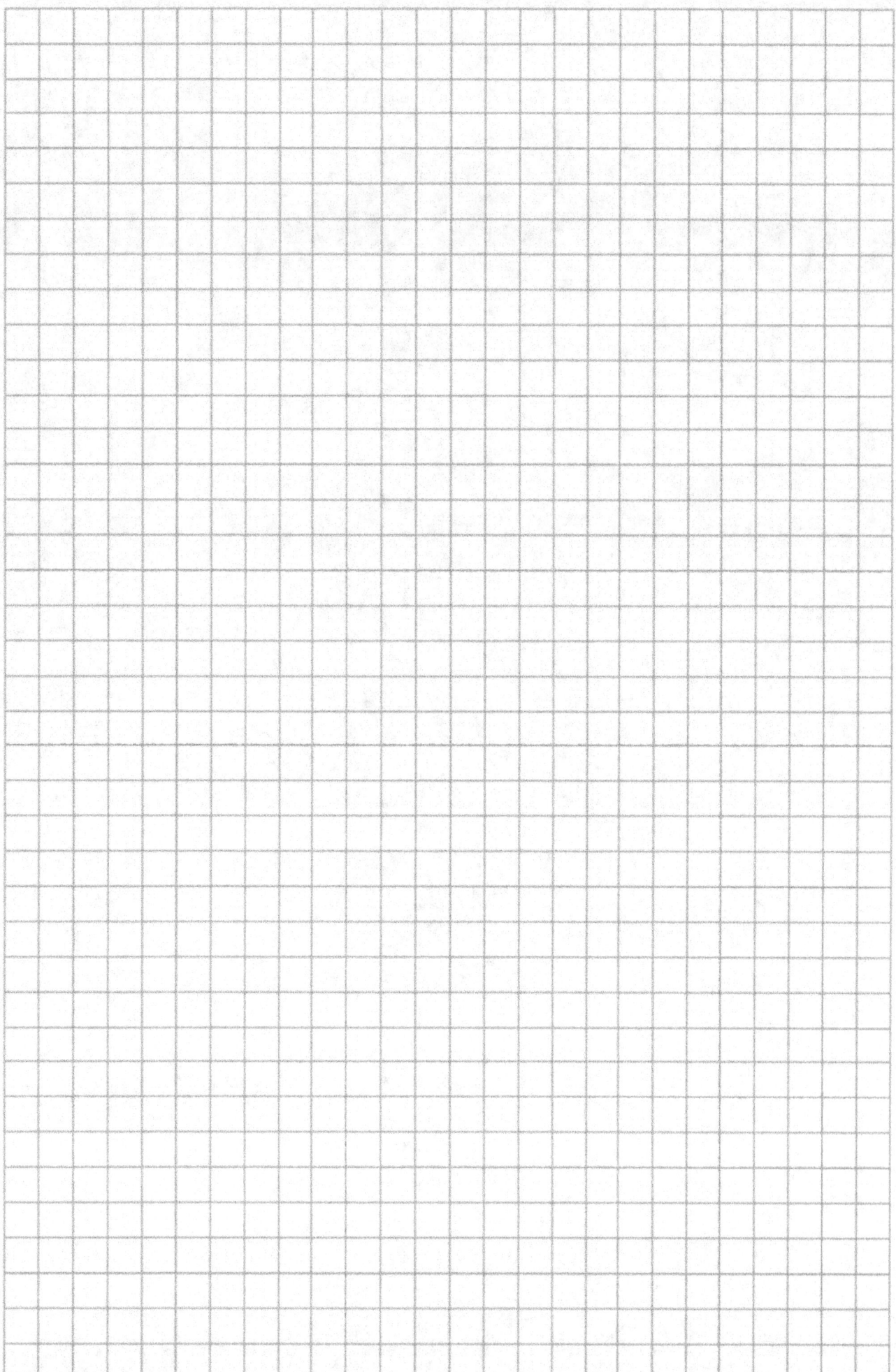

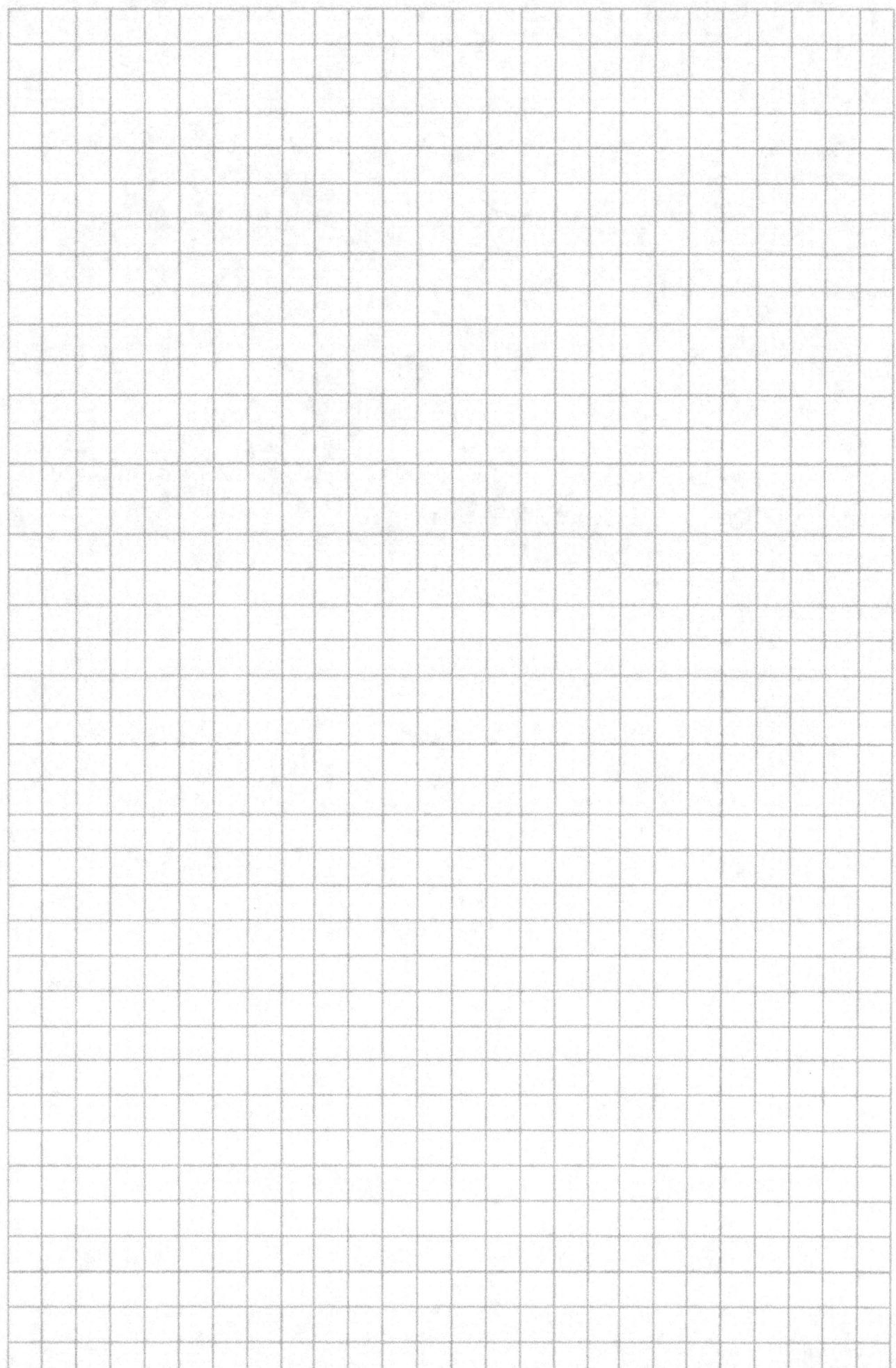

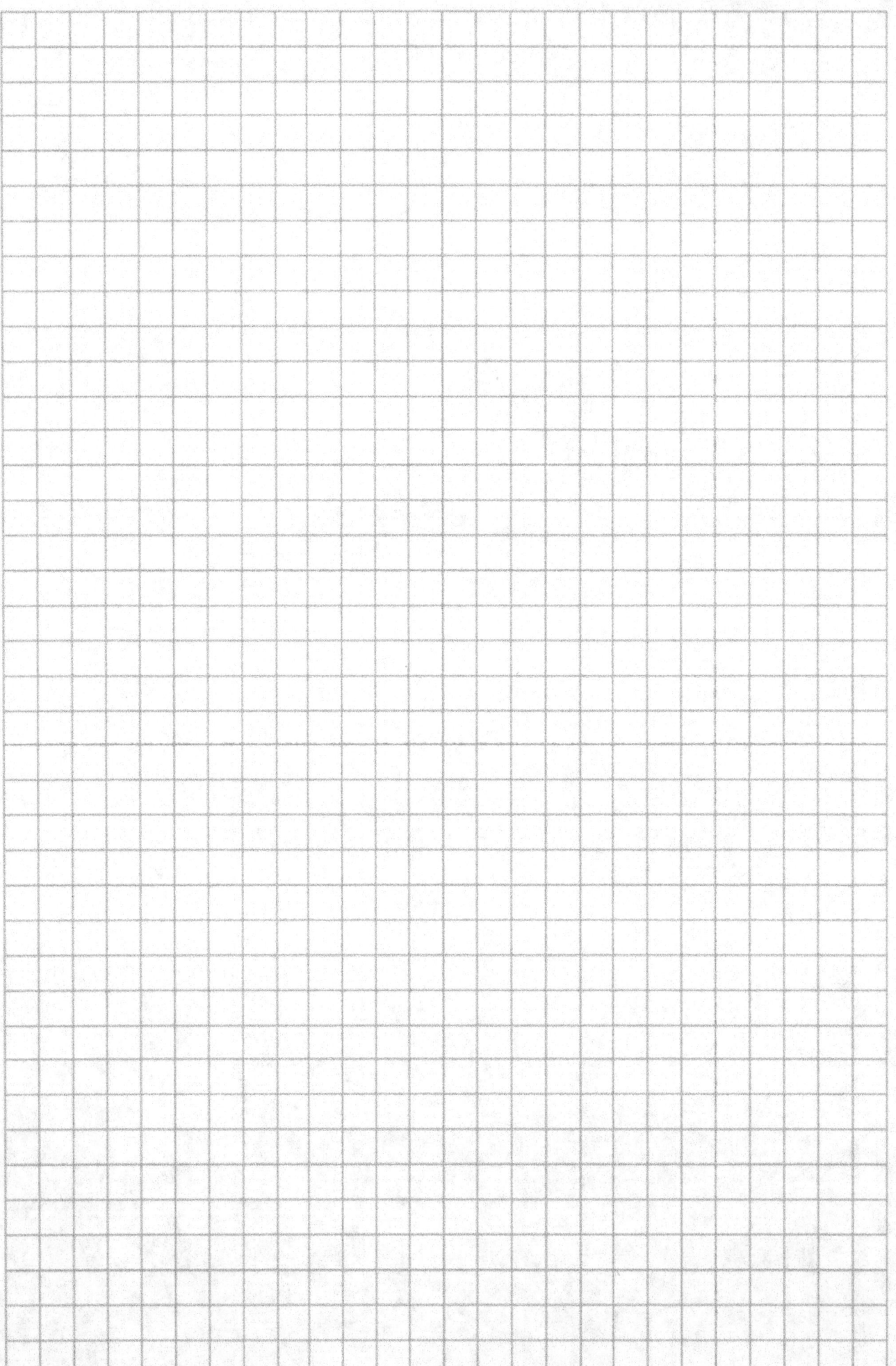

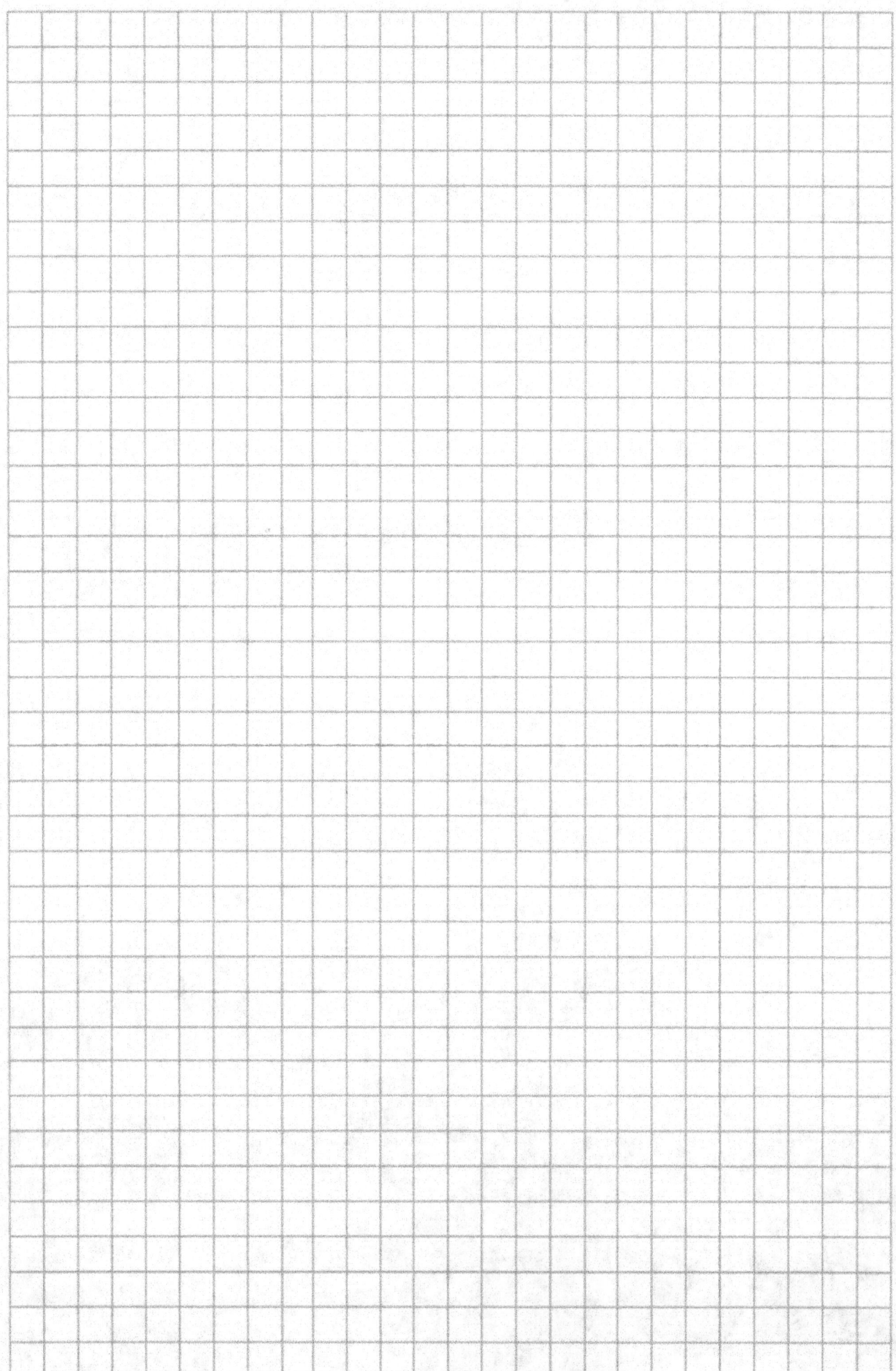

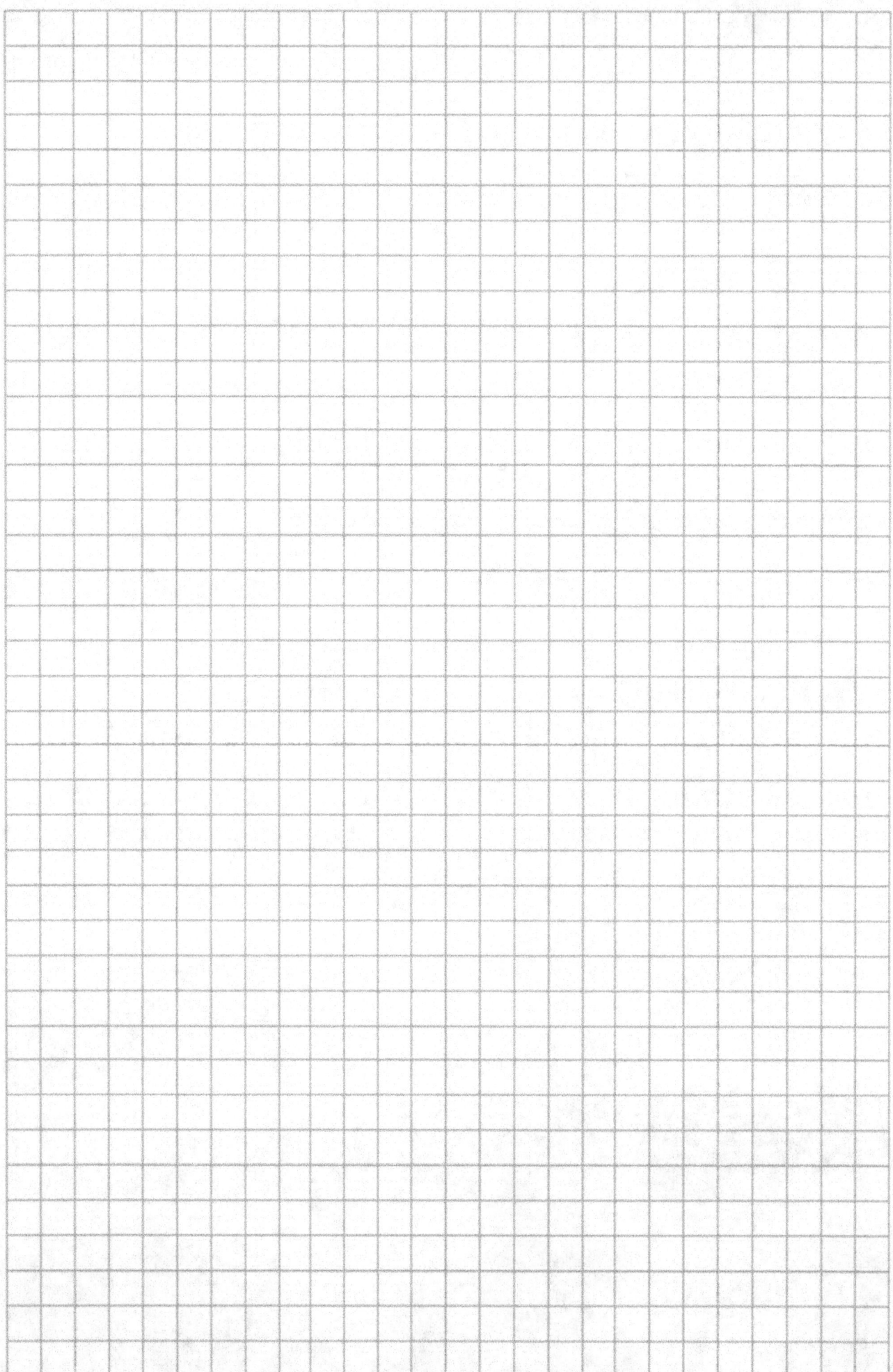

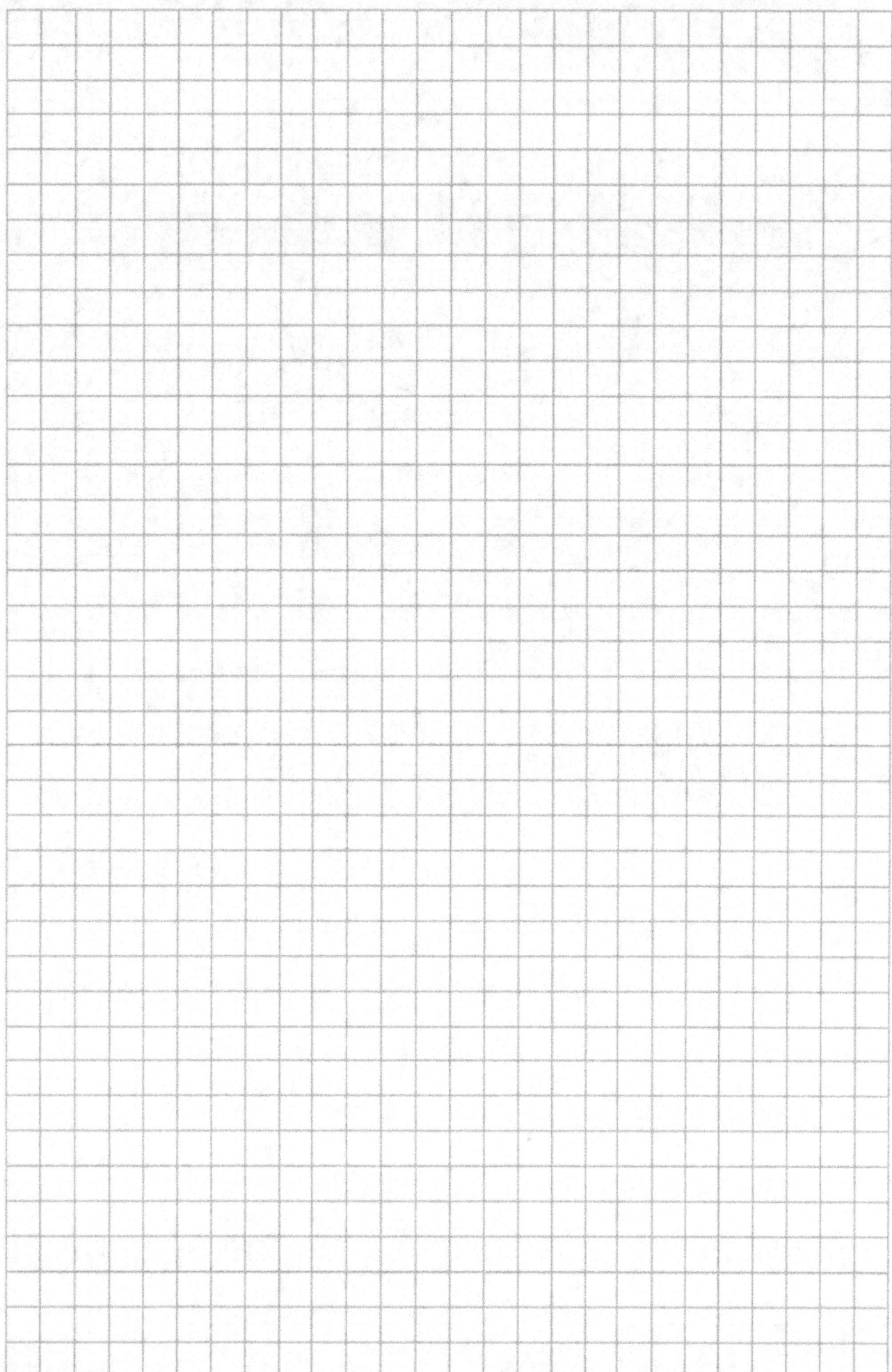

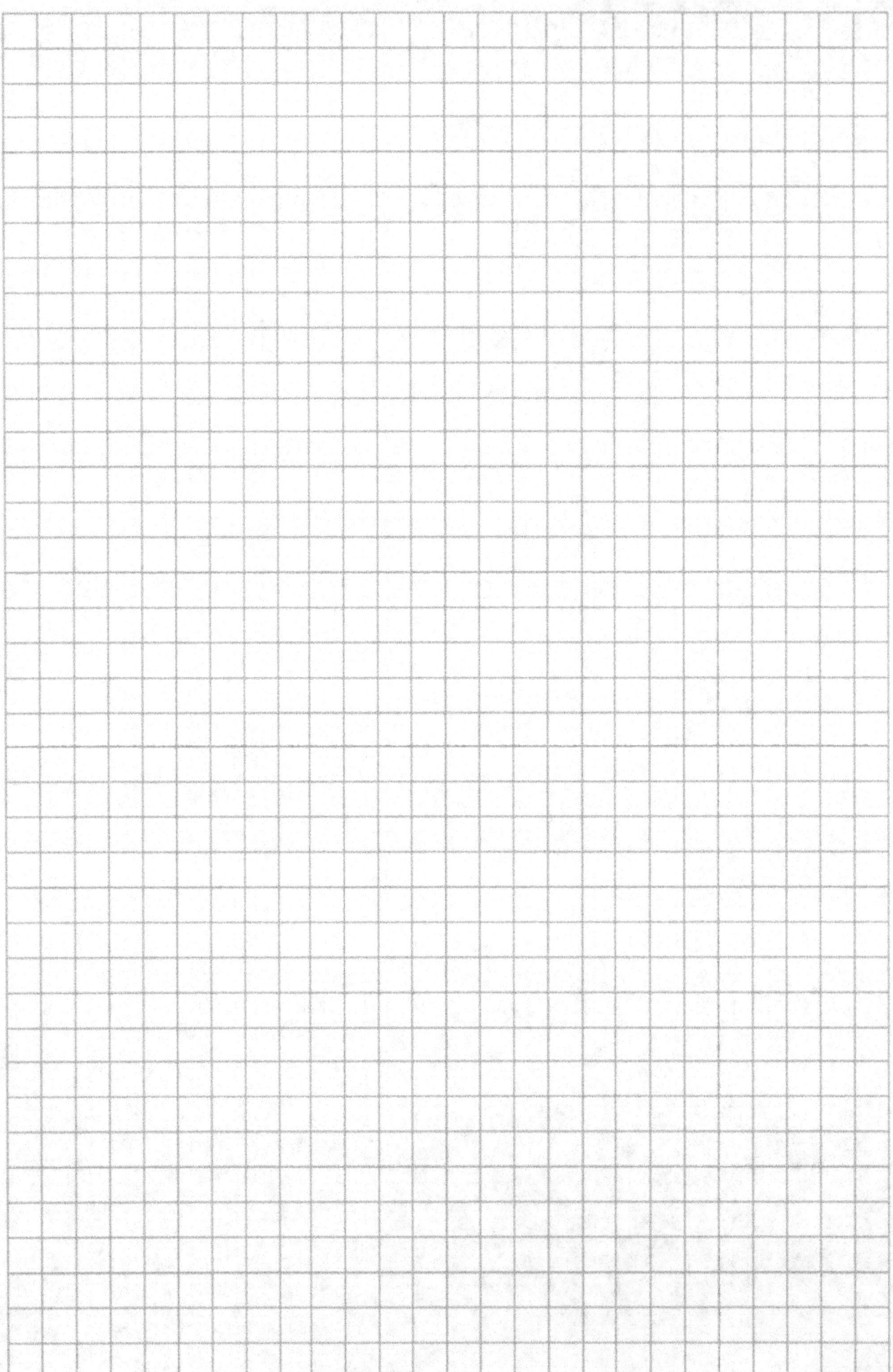

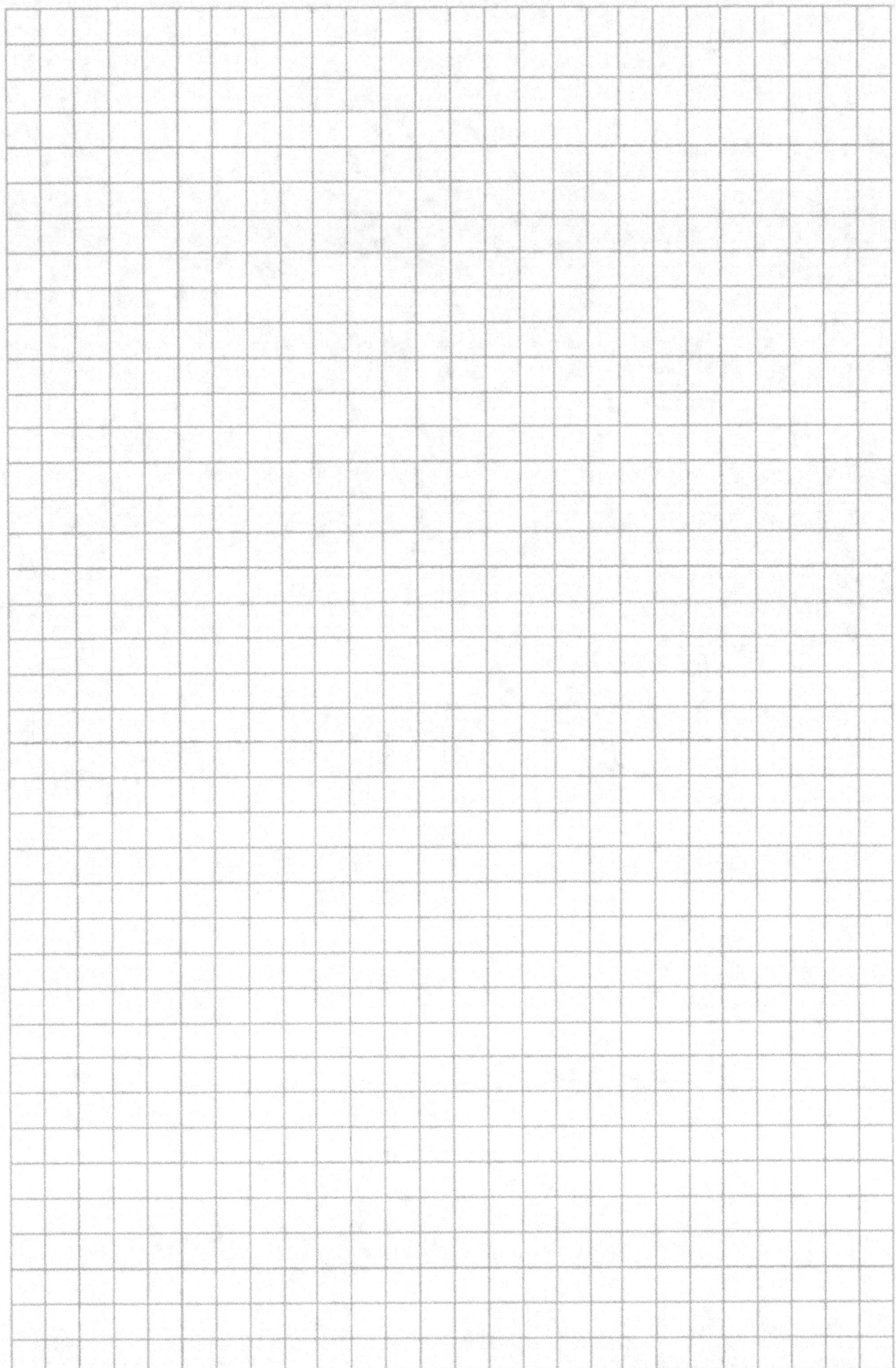

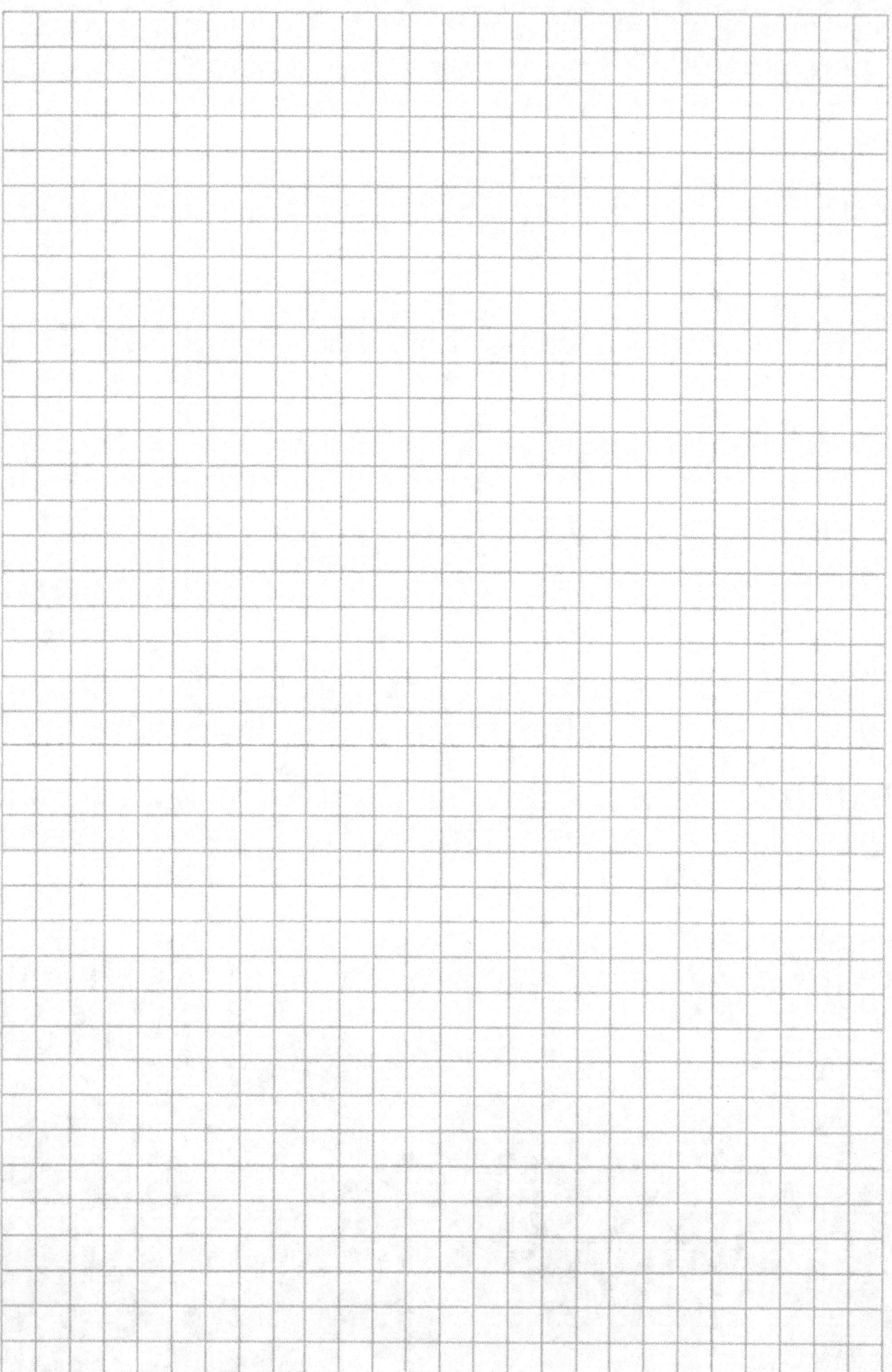

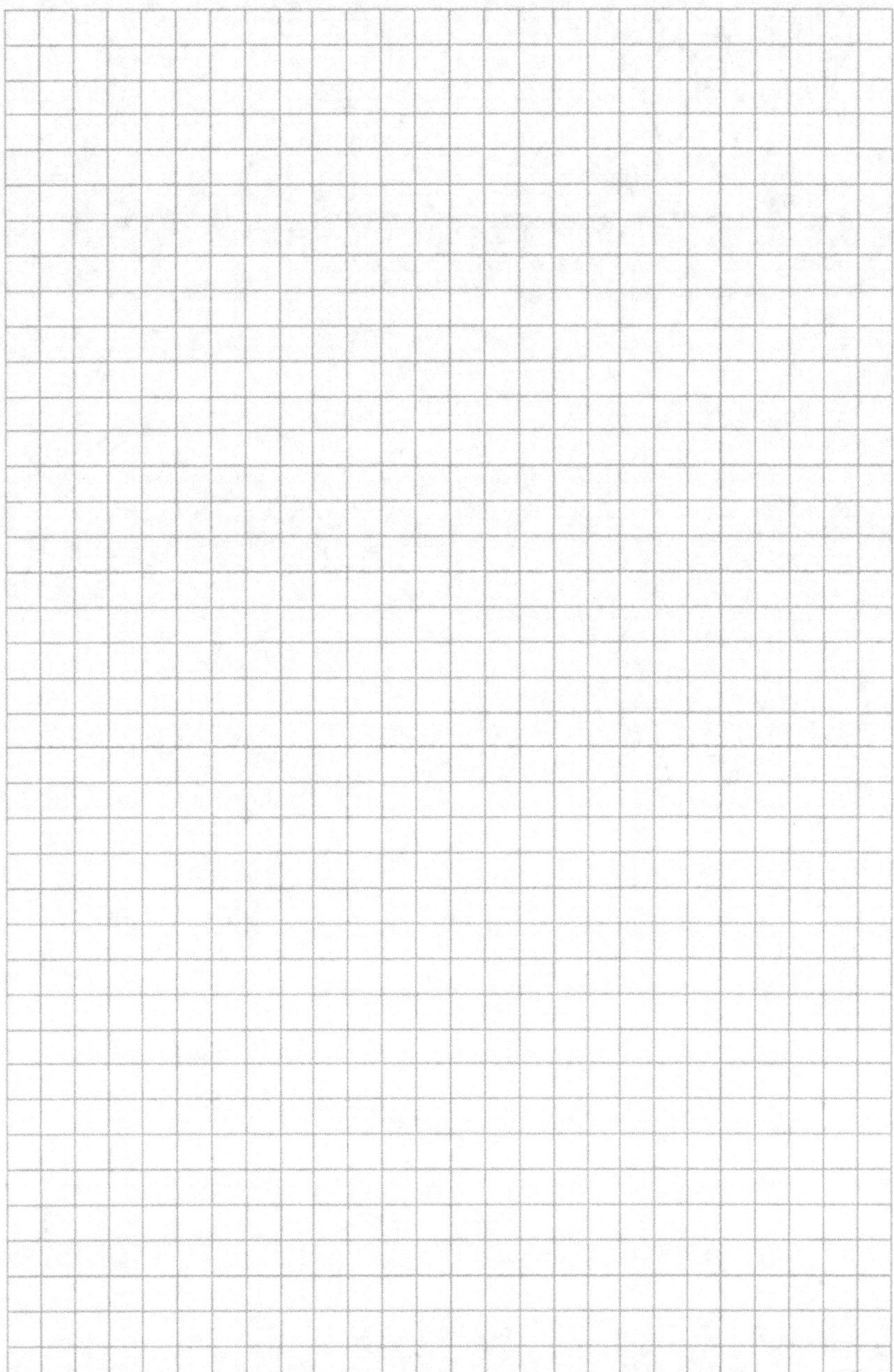

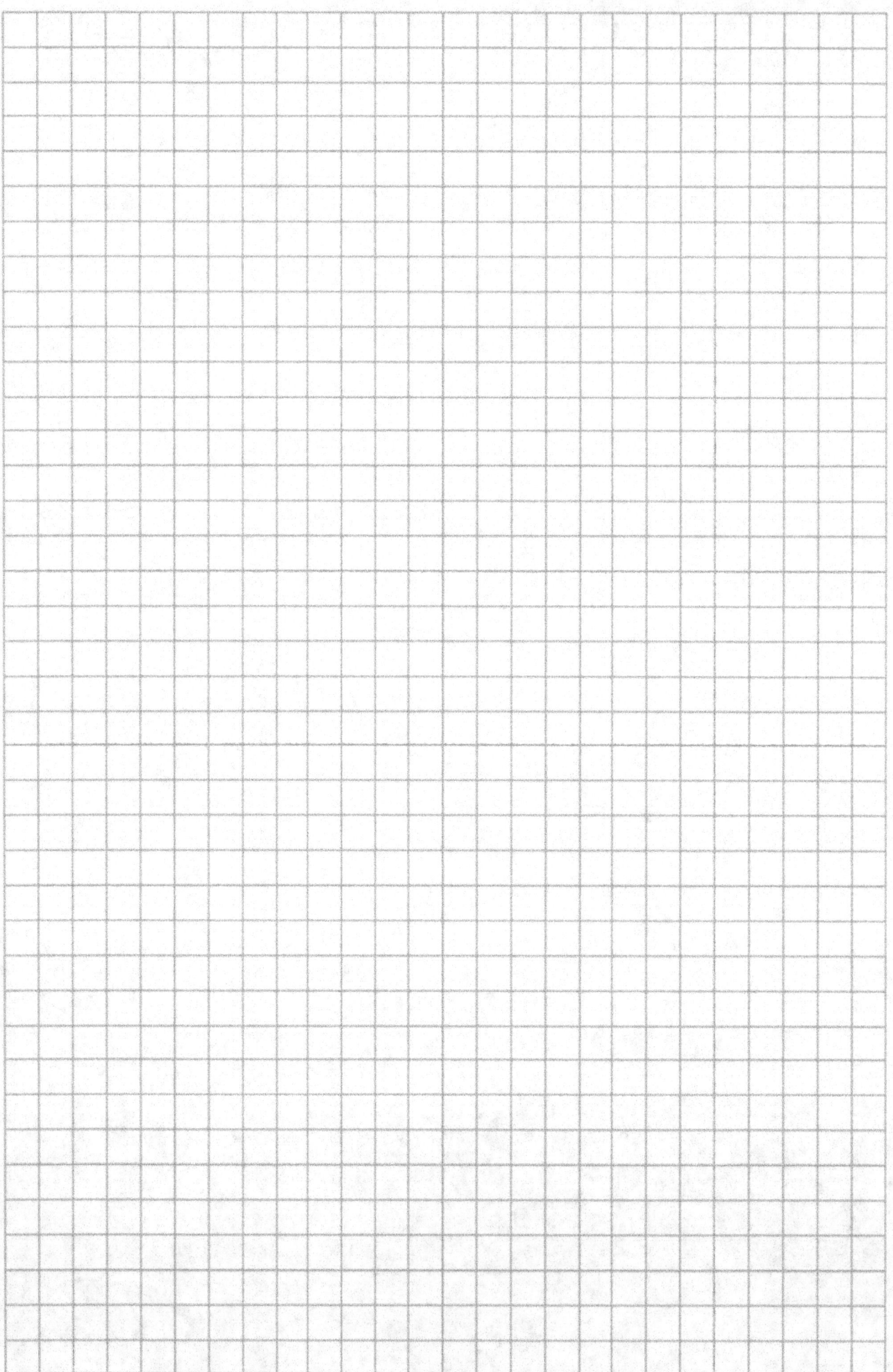

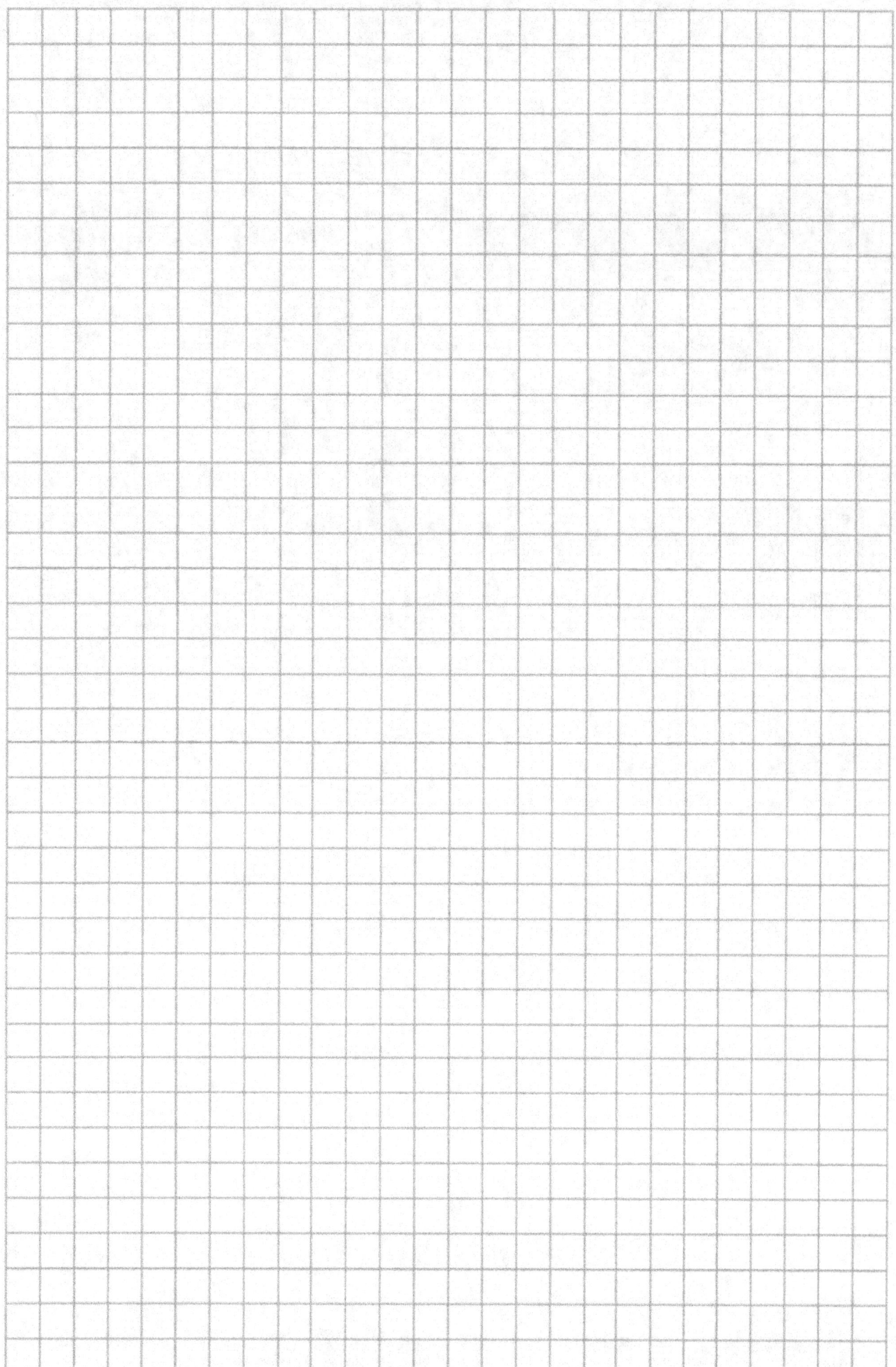

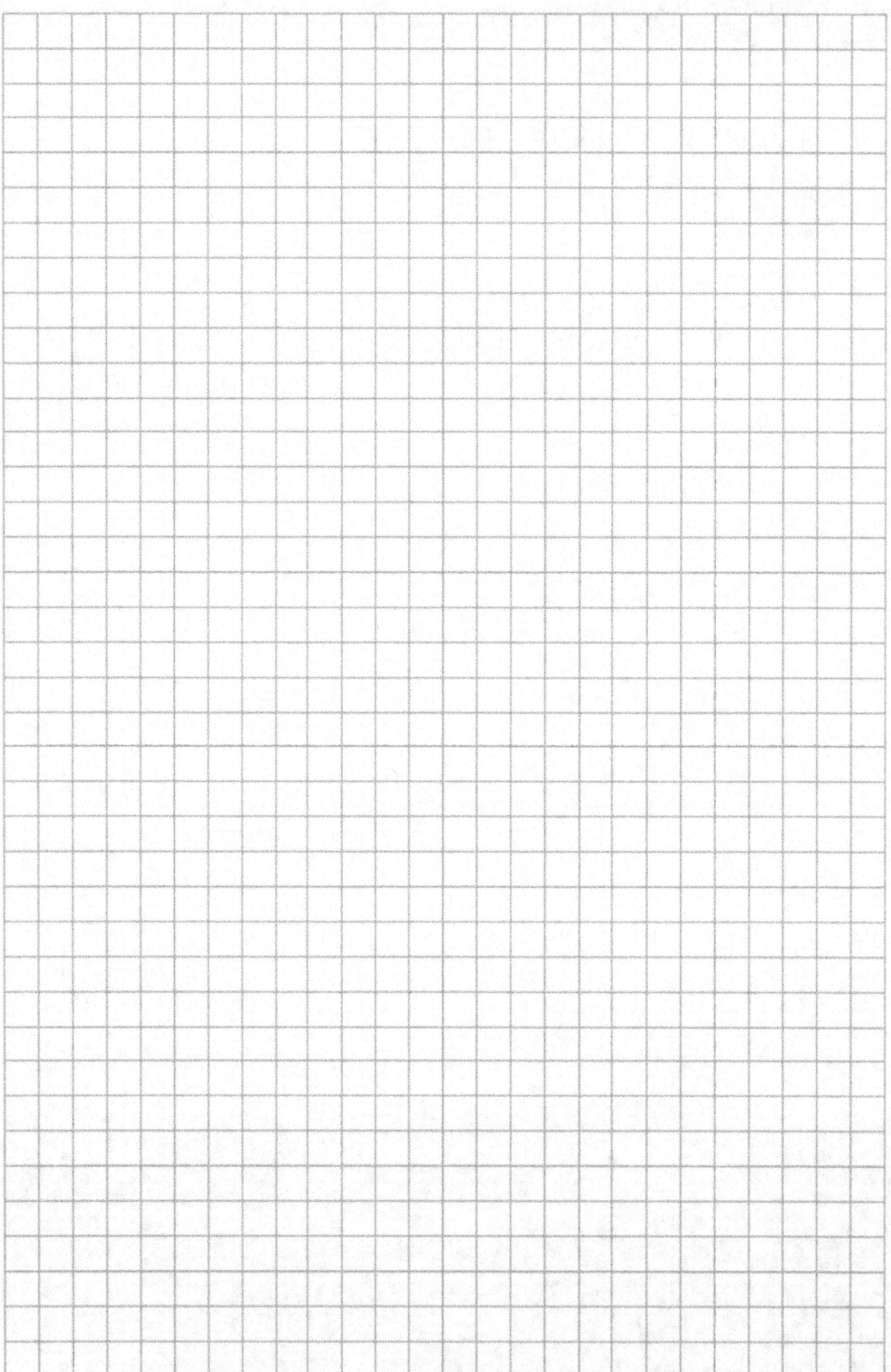

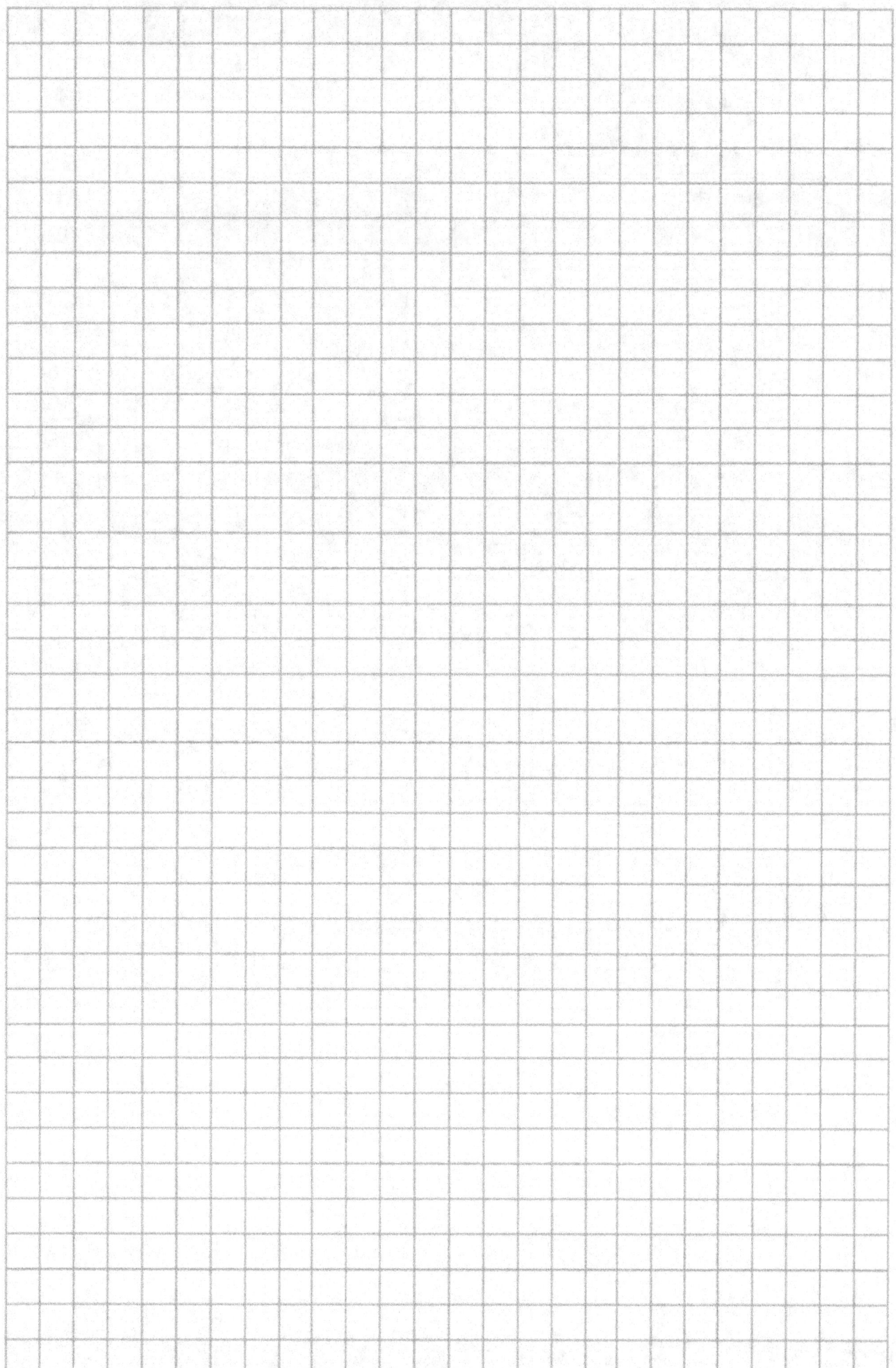

32

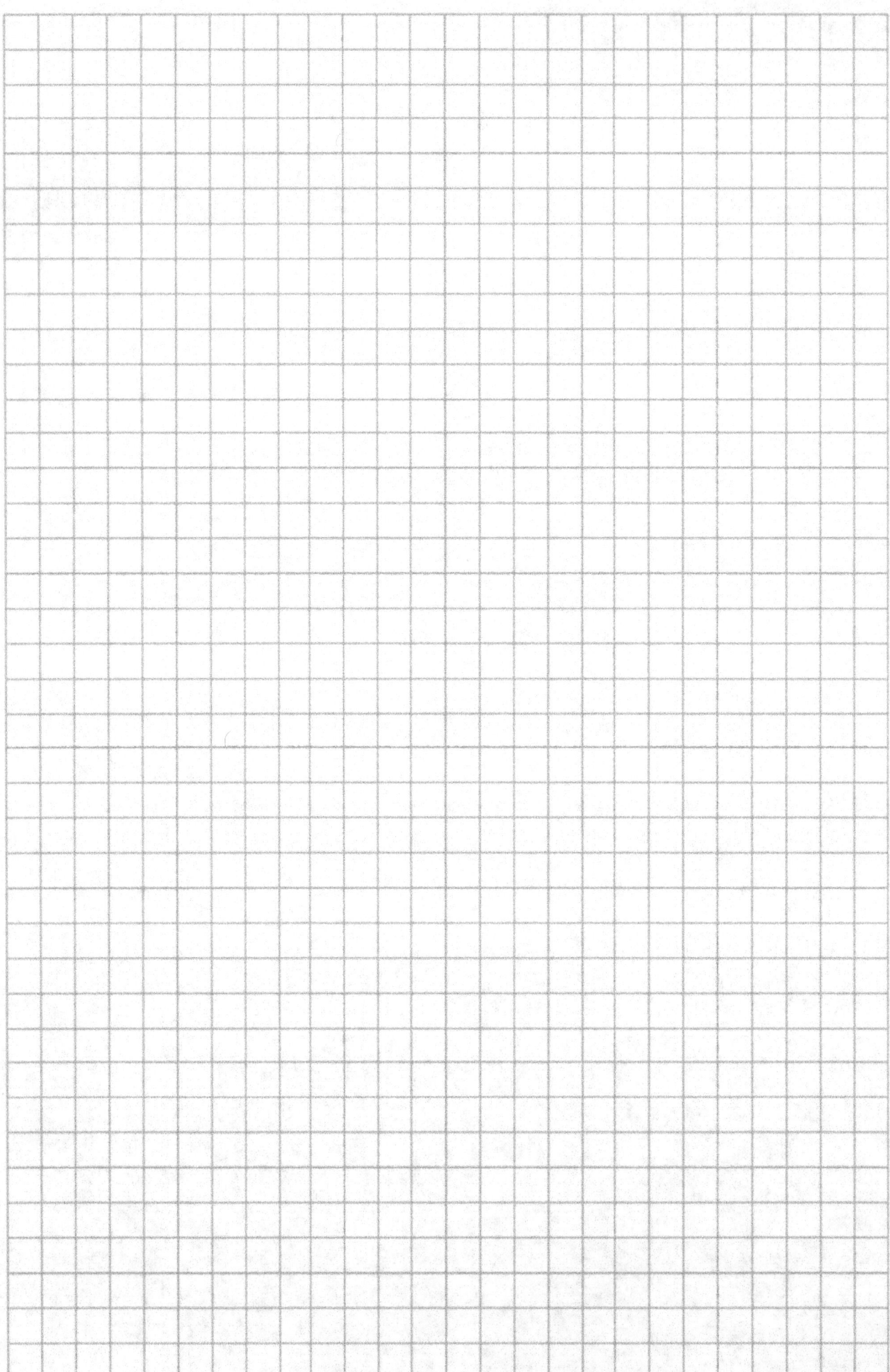

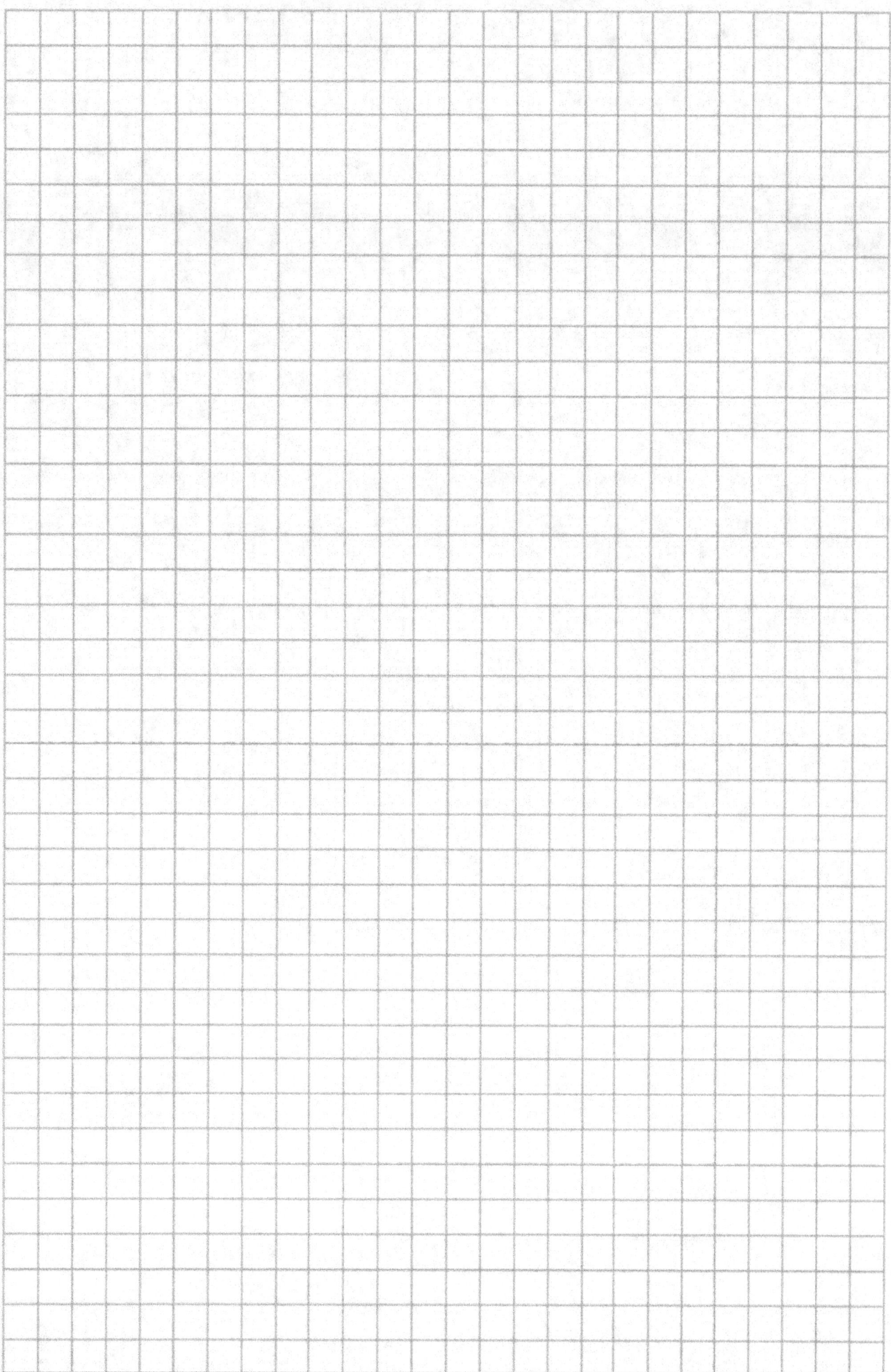

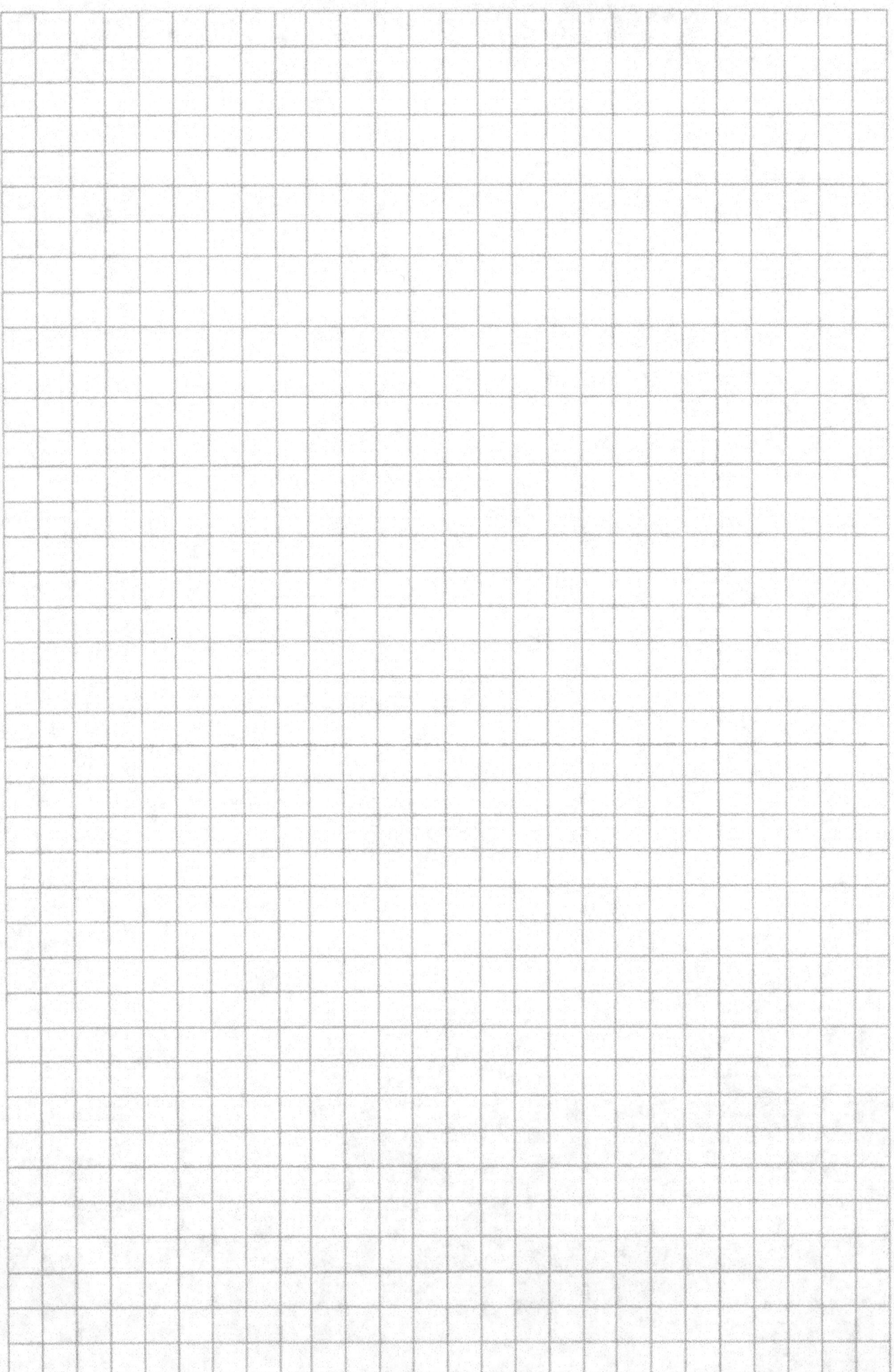

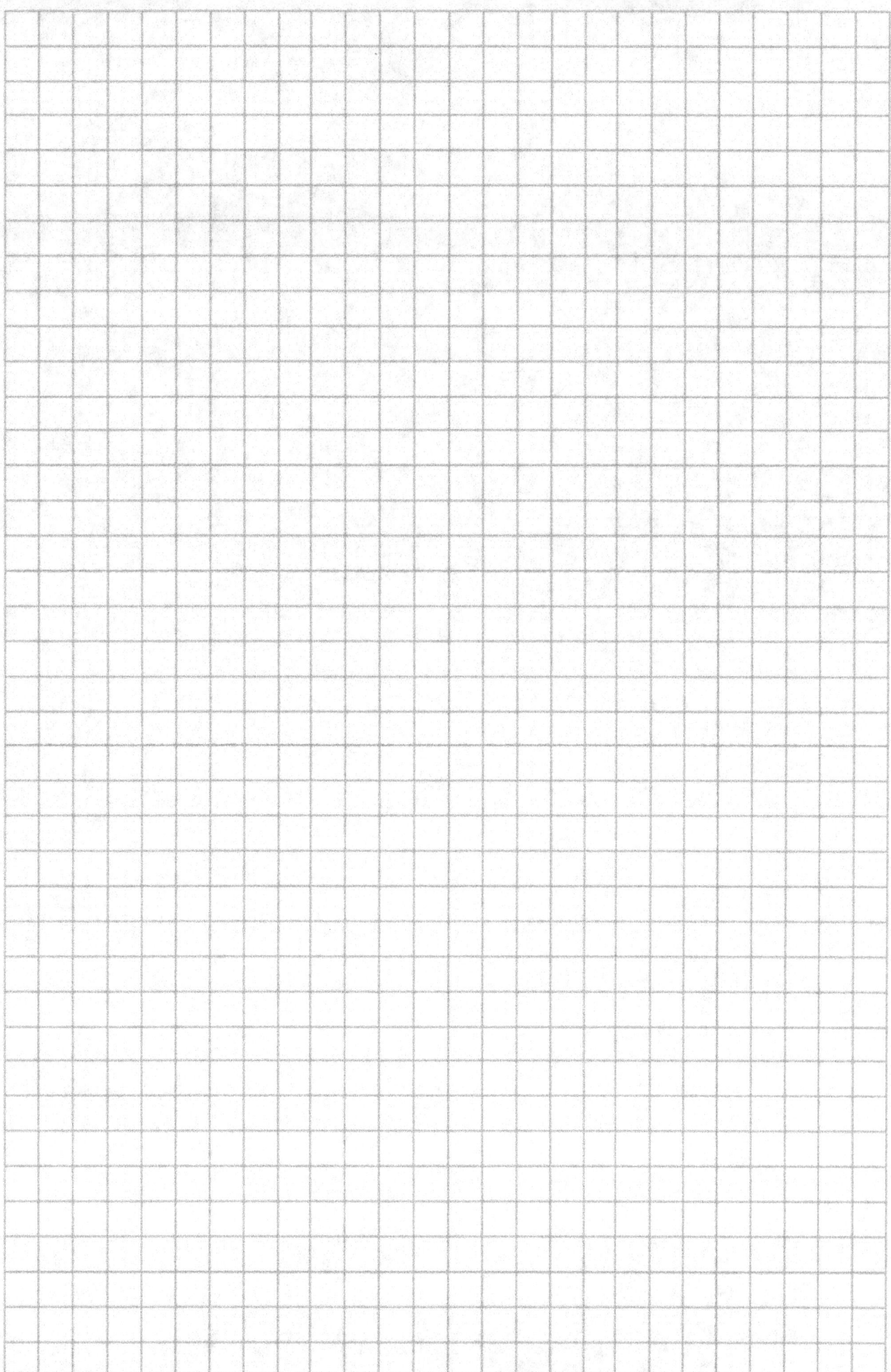

38

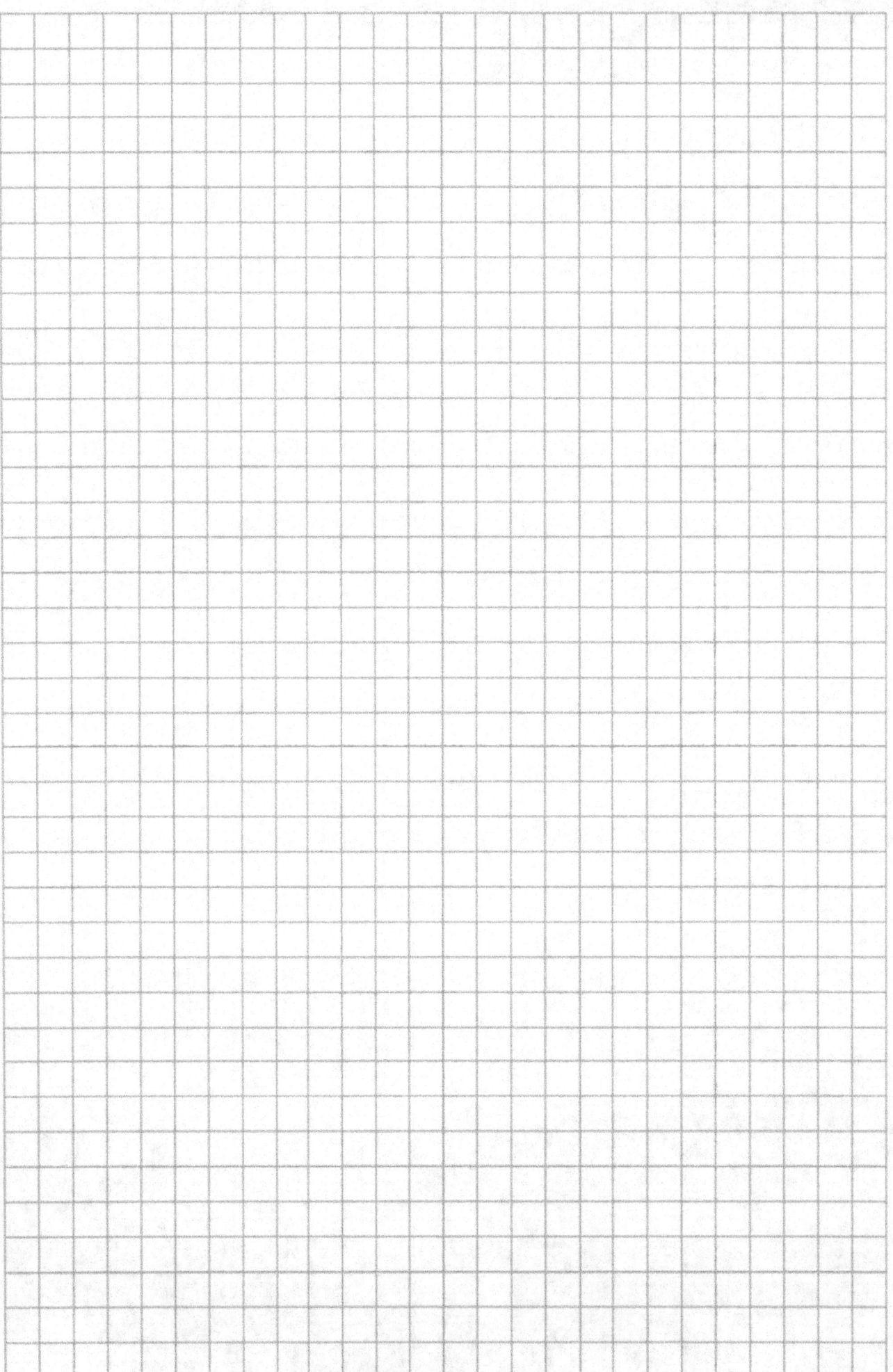

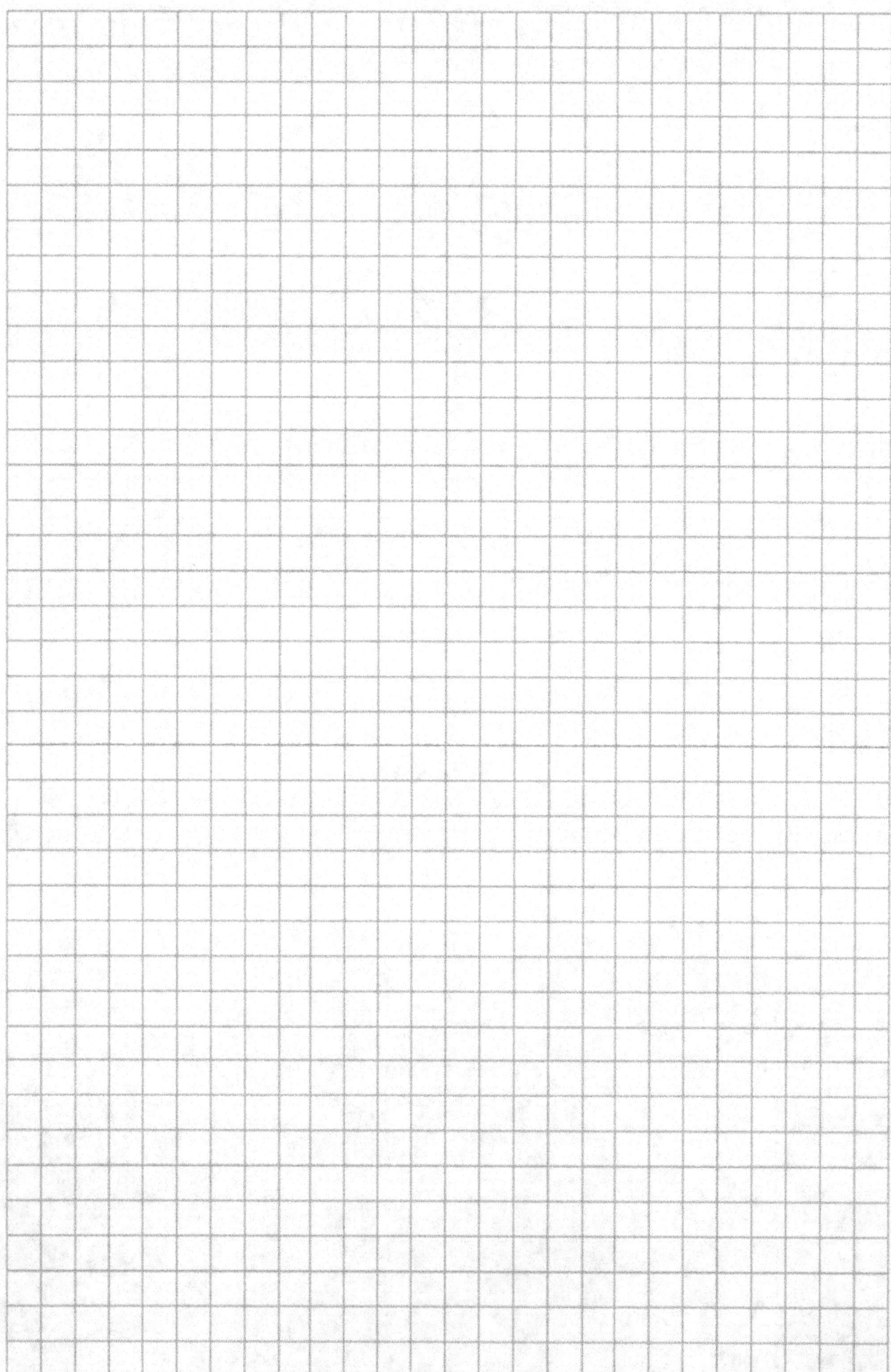

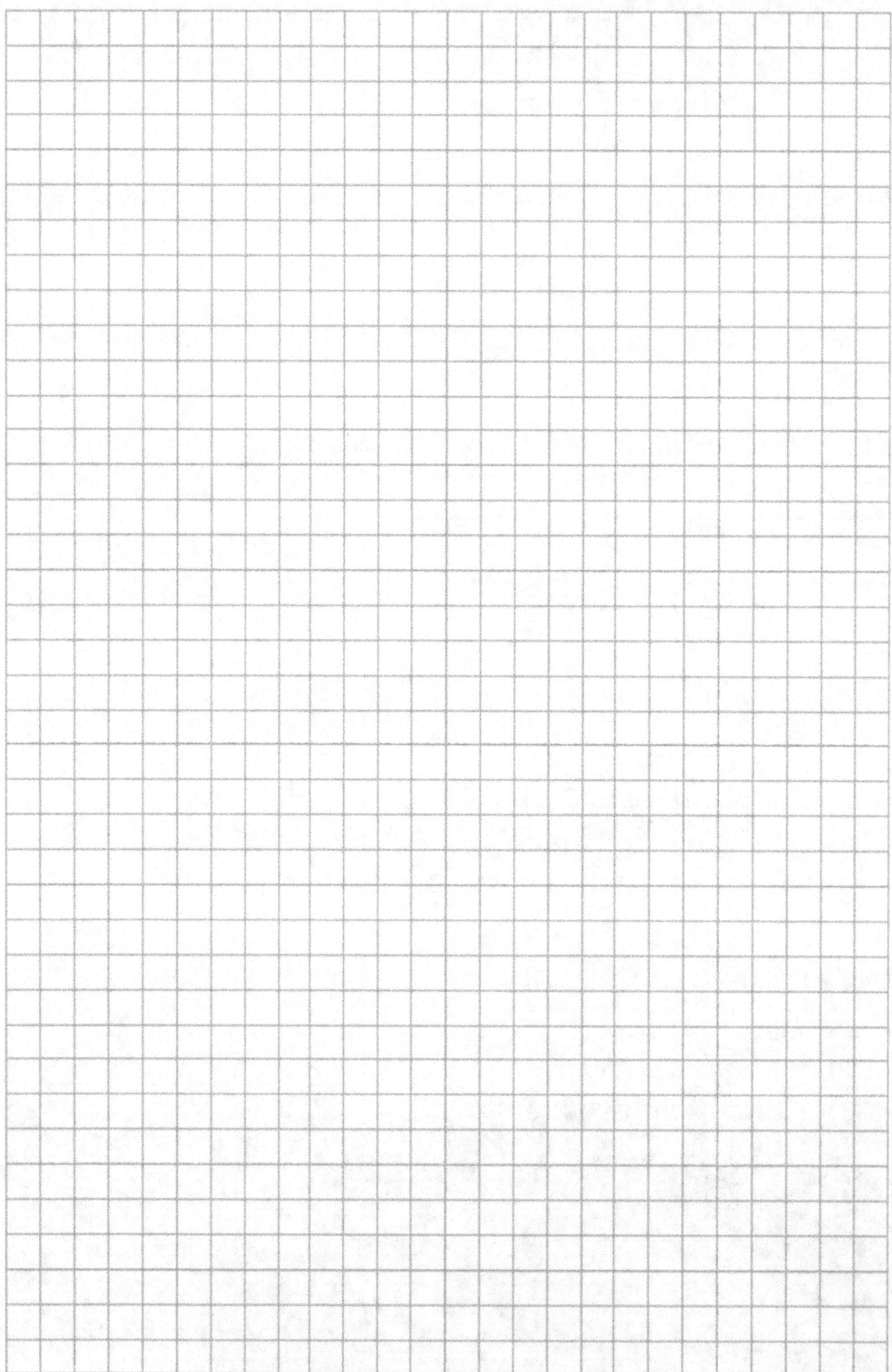

44

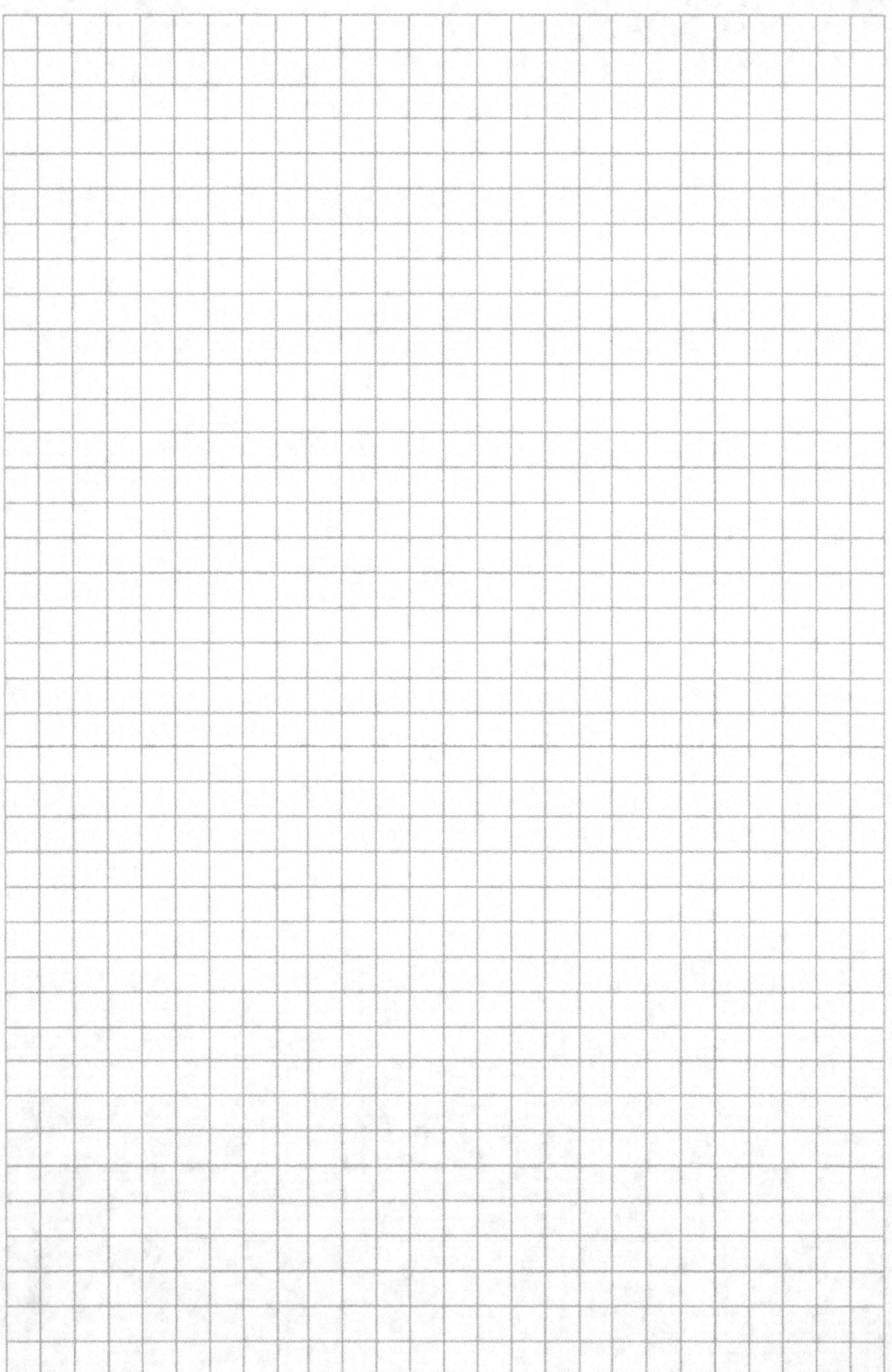

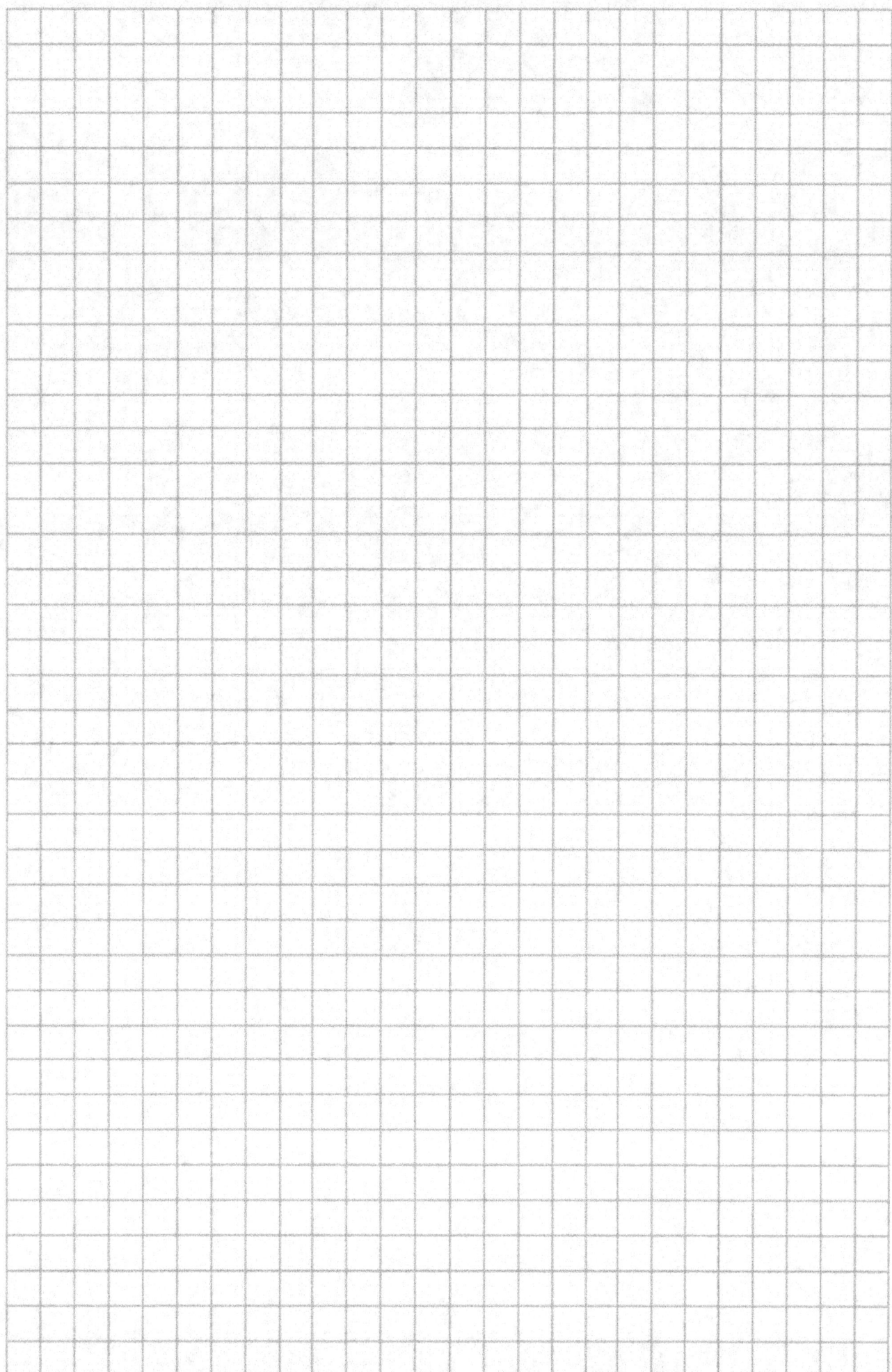

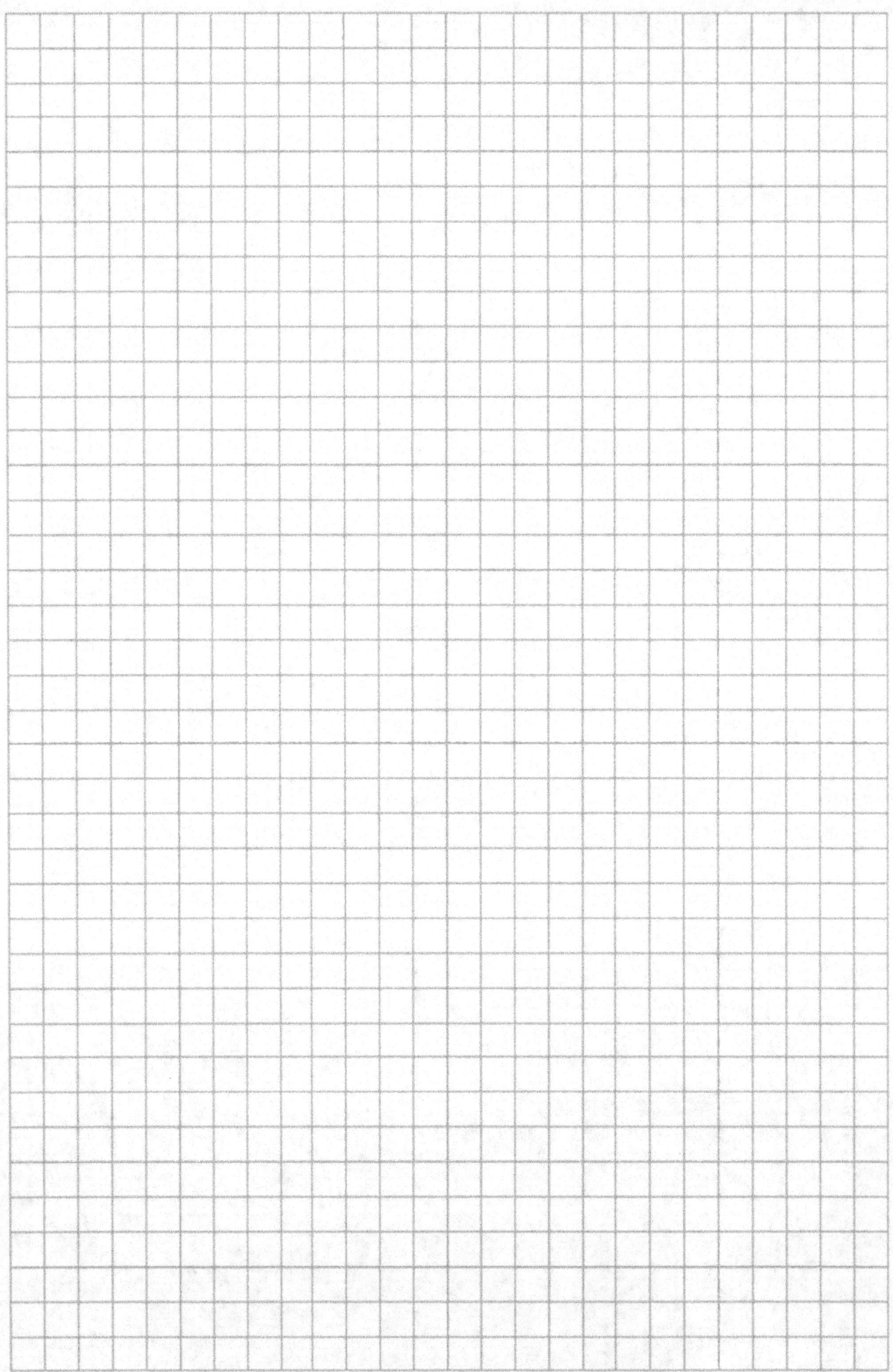

51

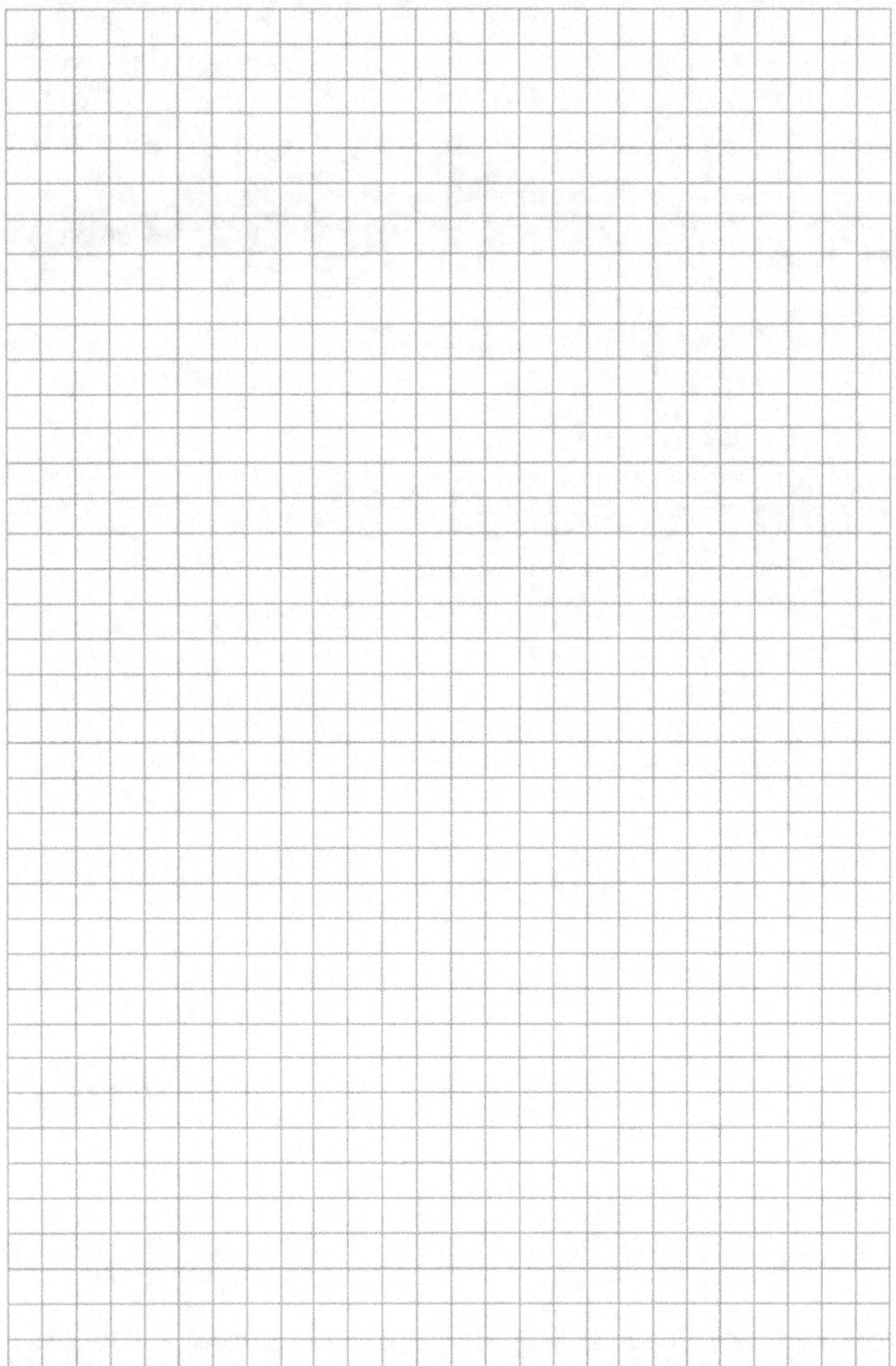

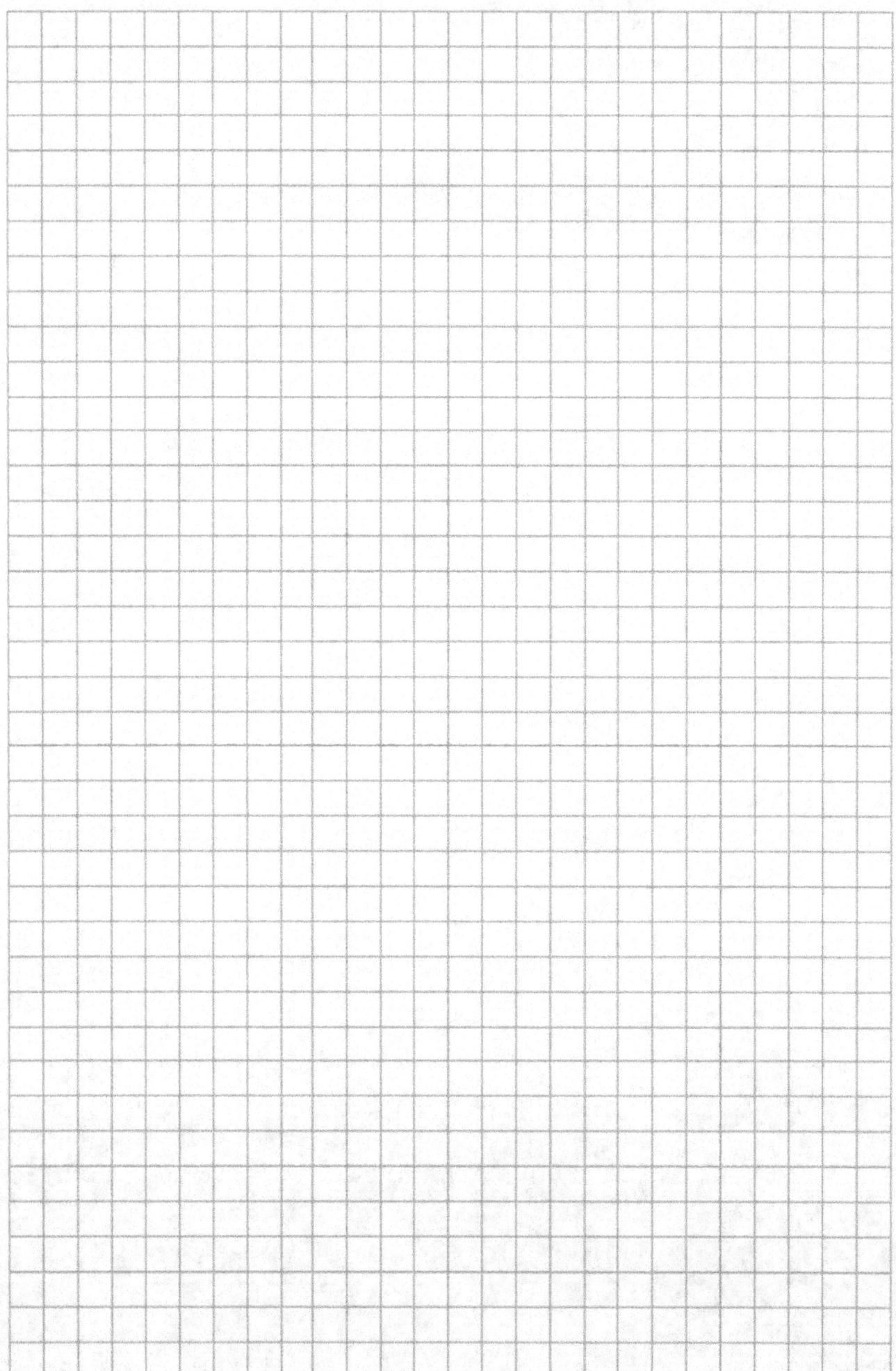

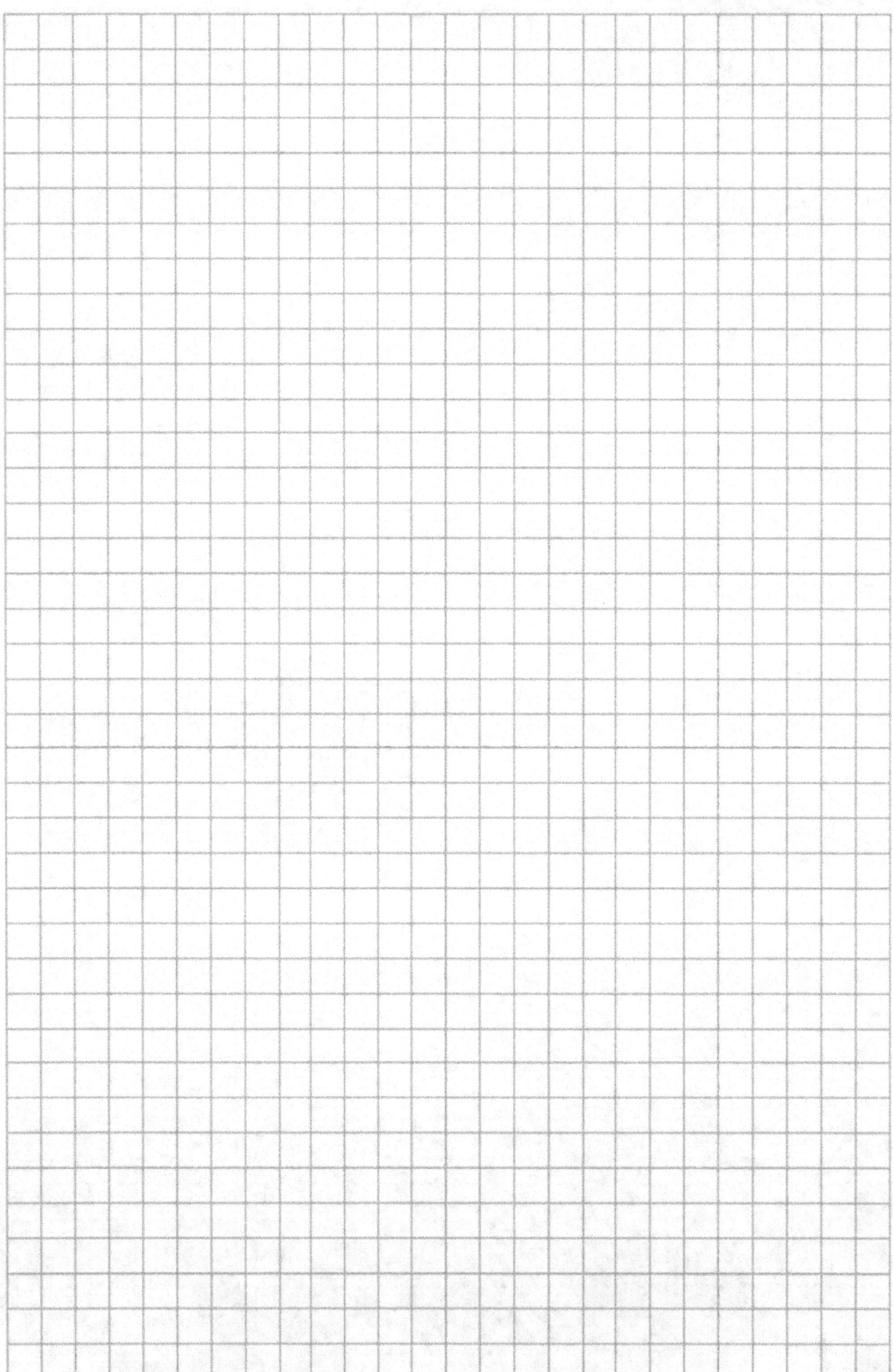

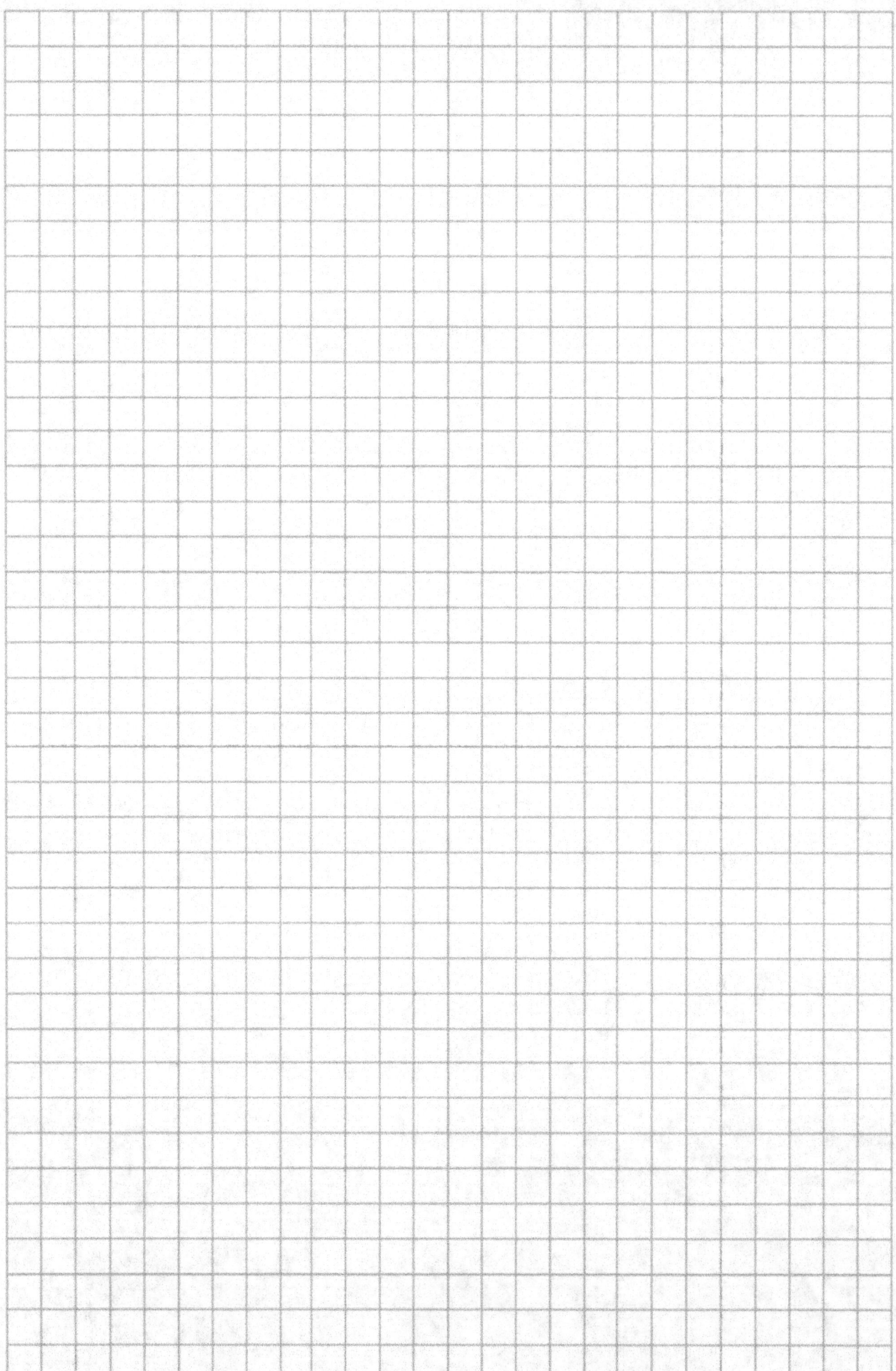

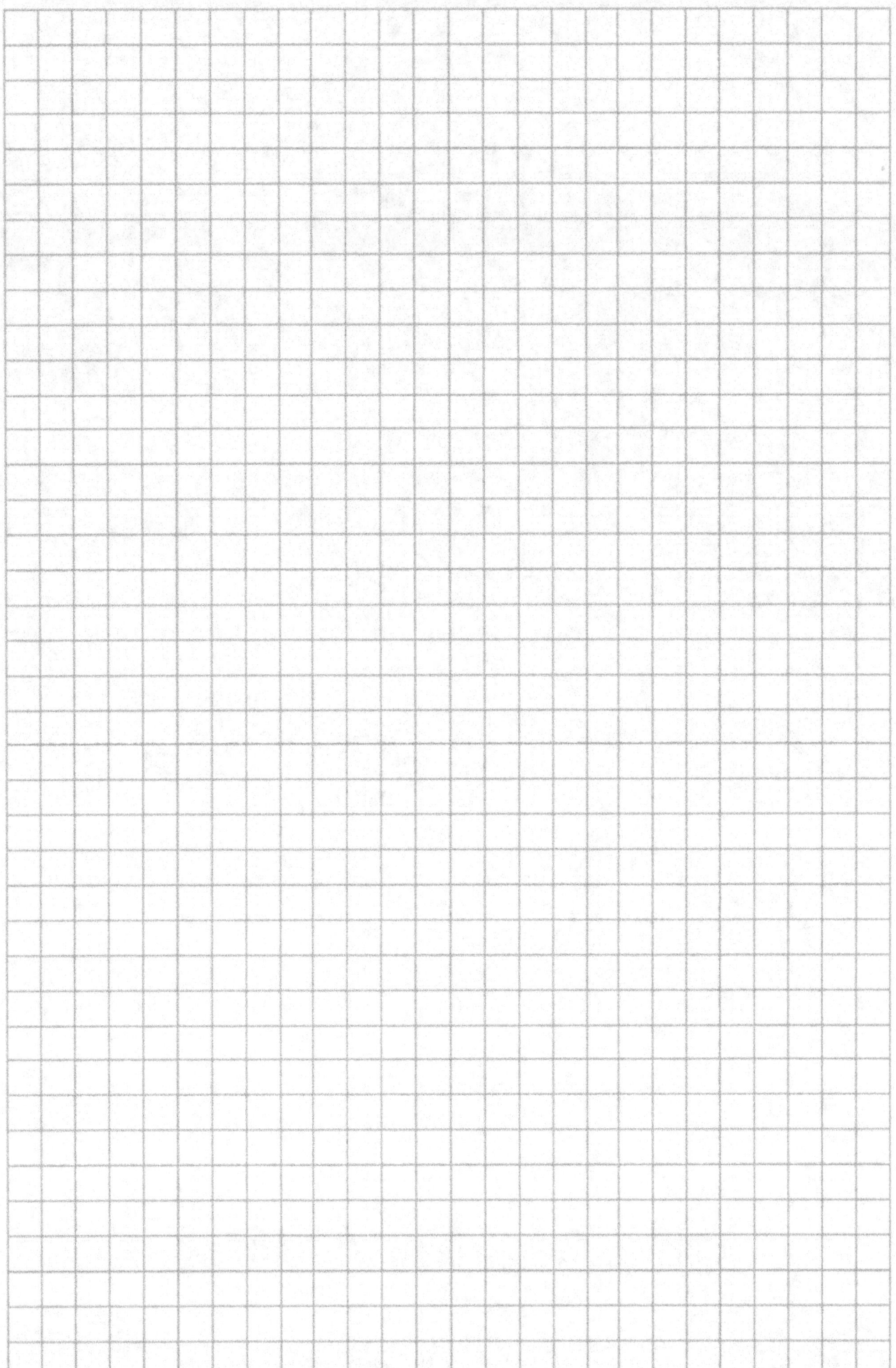

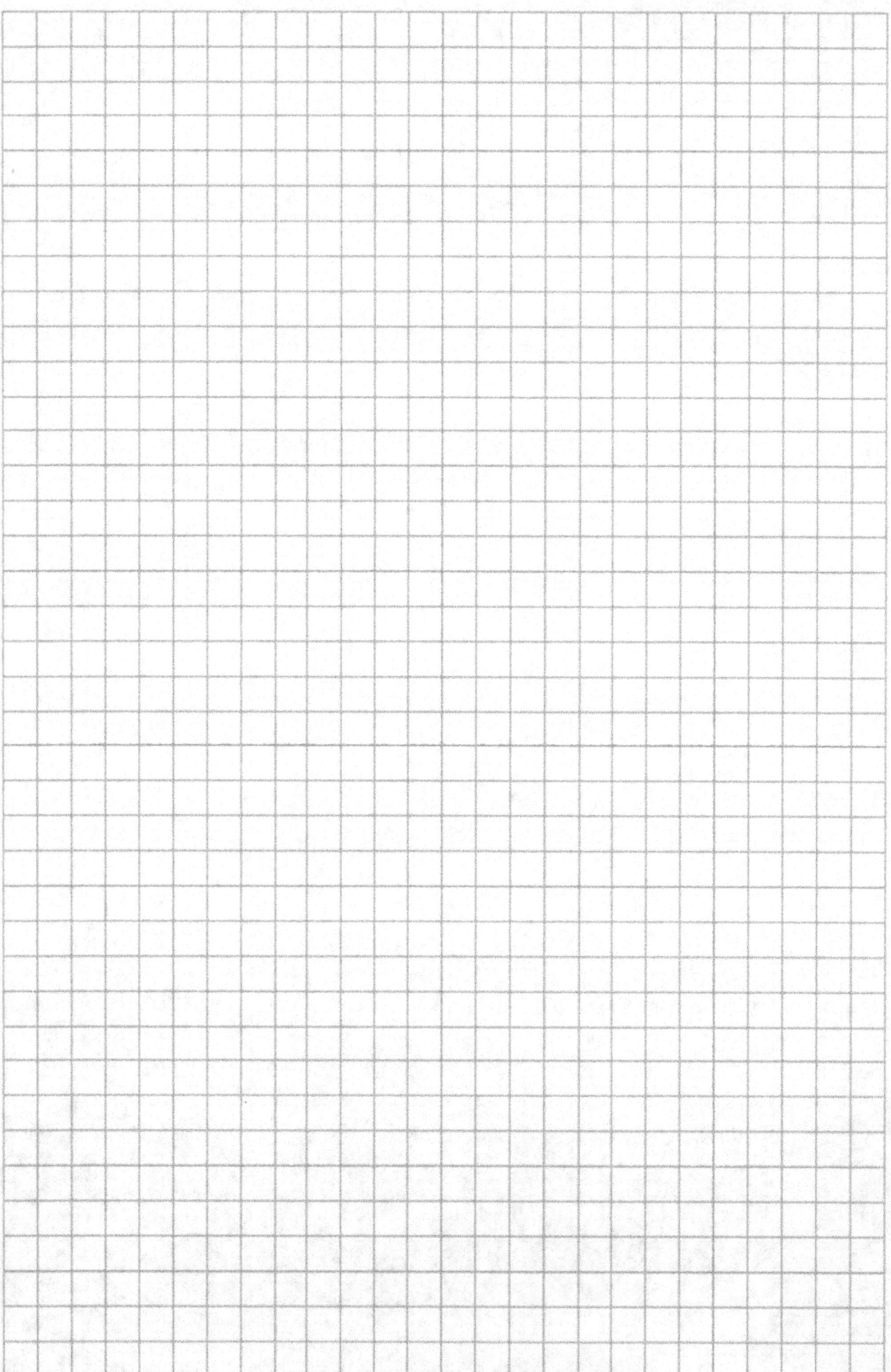

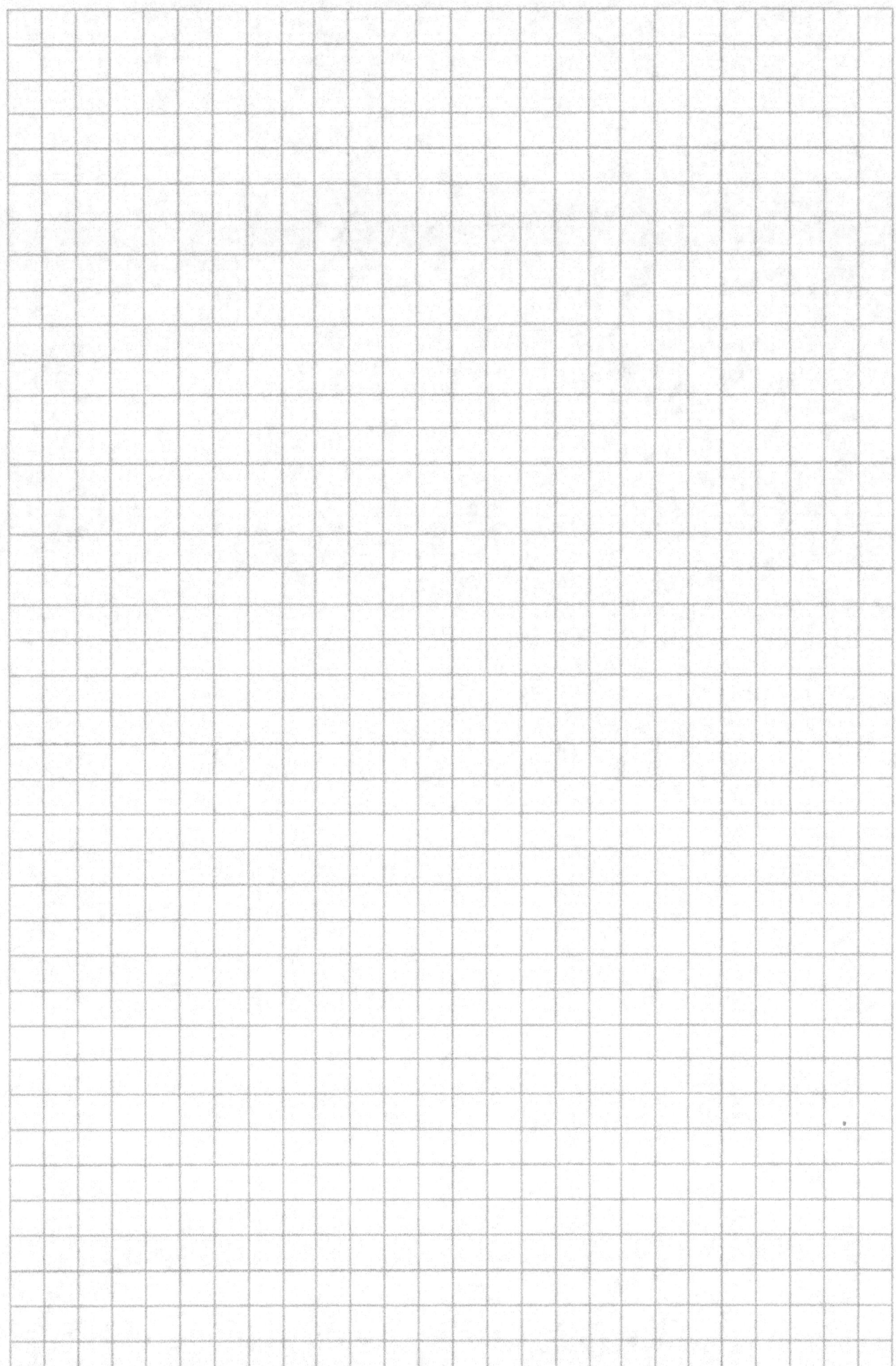

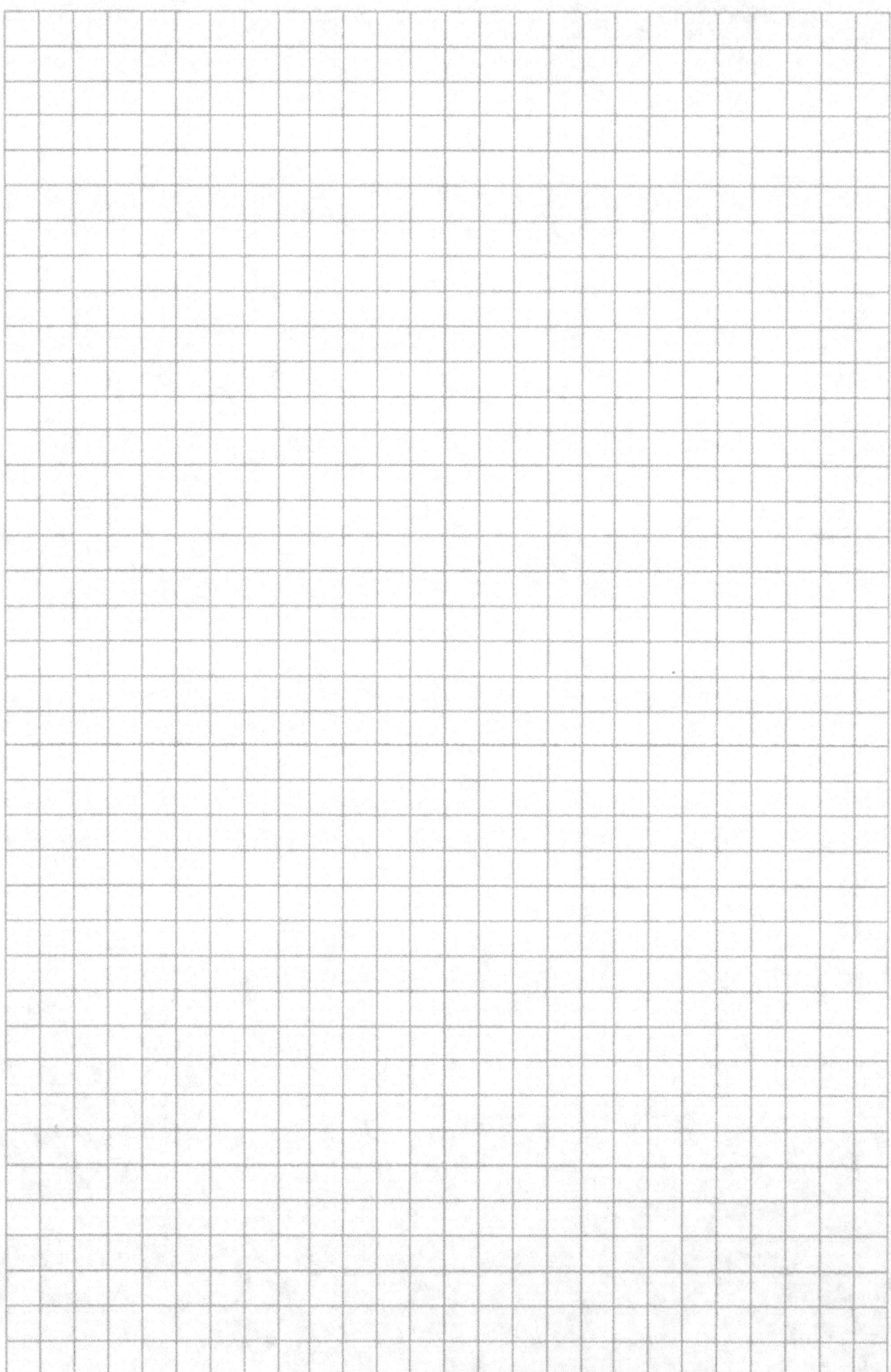

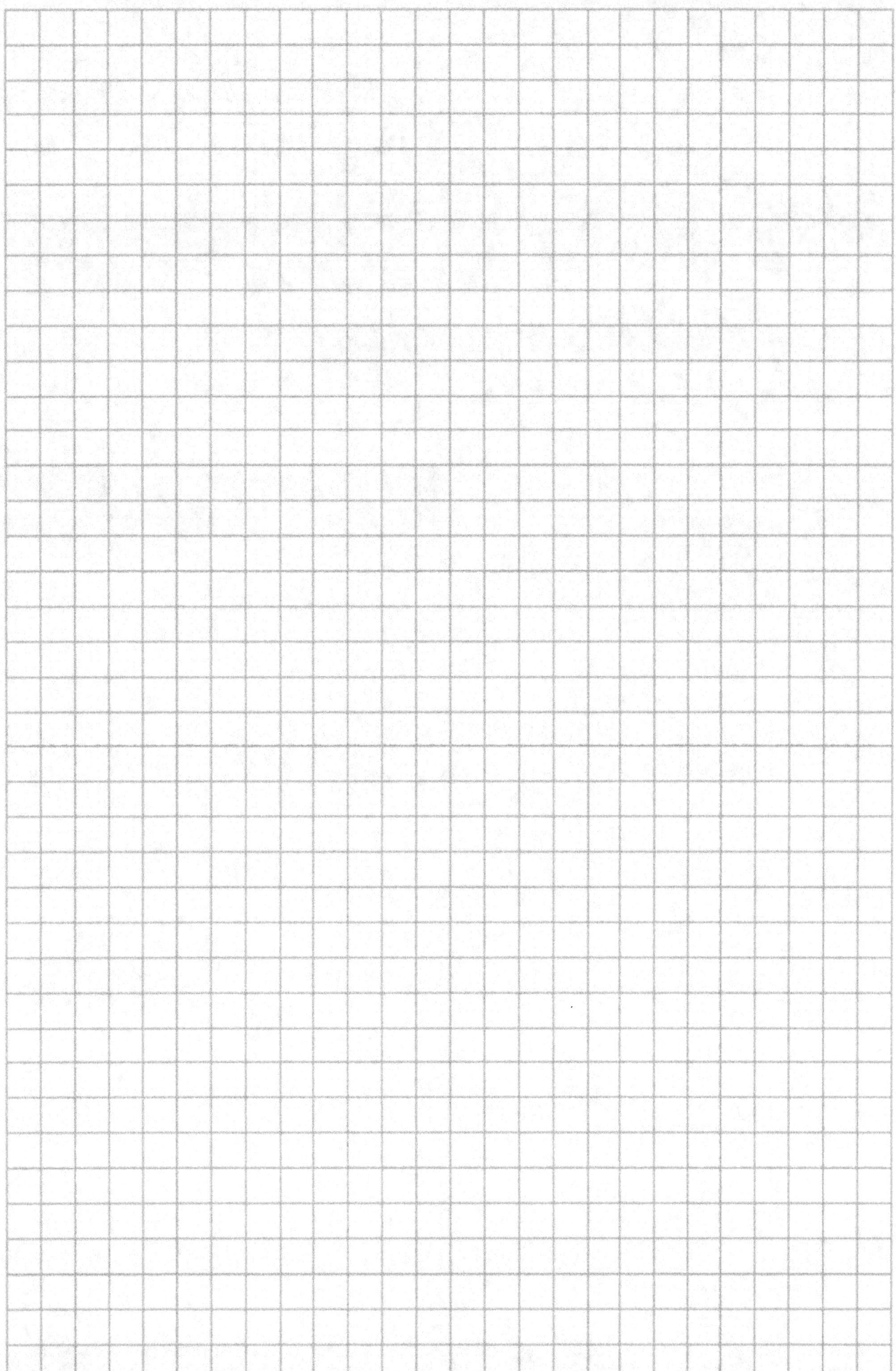

64

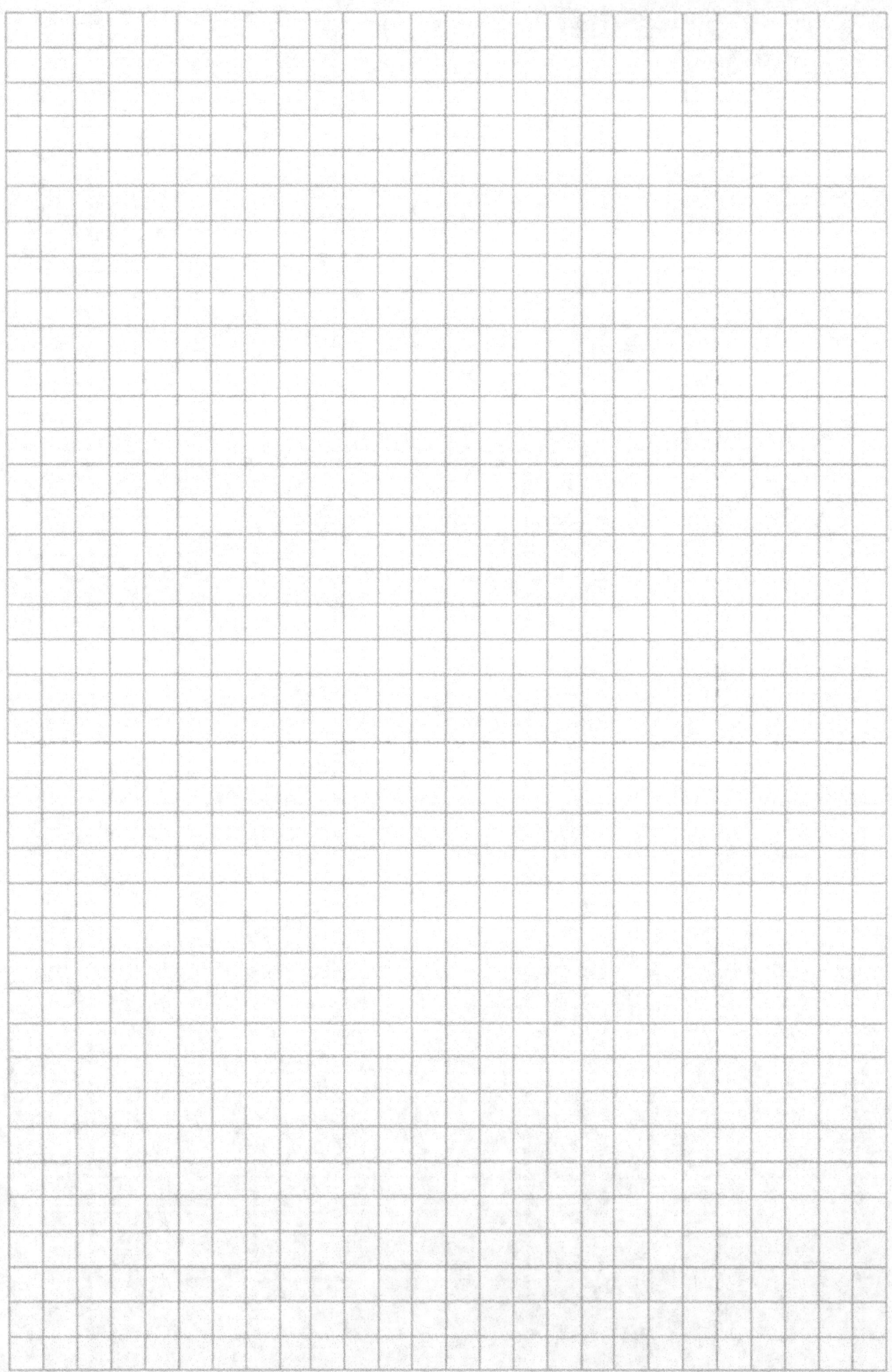

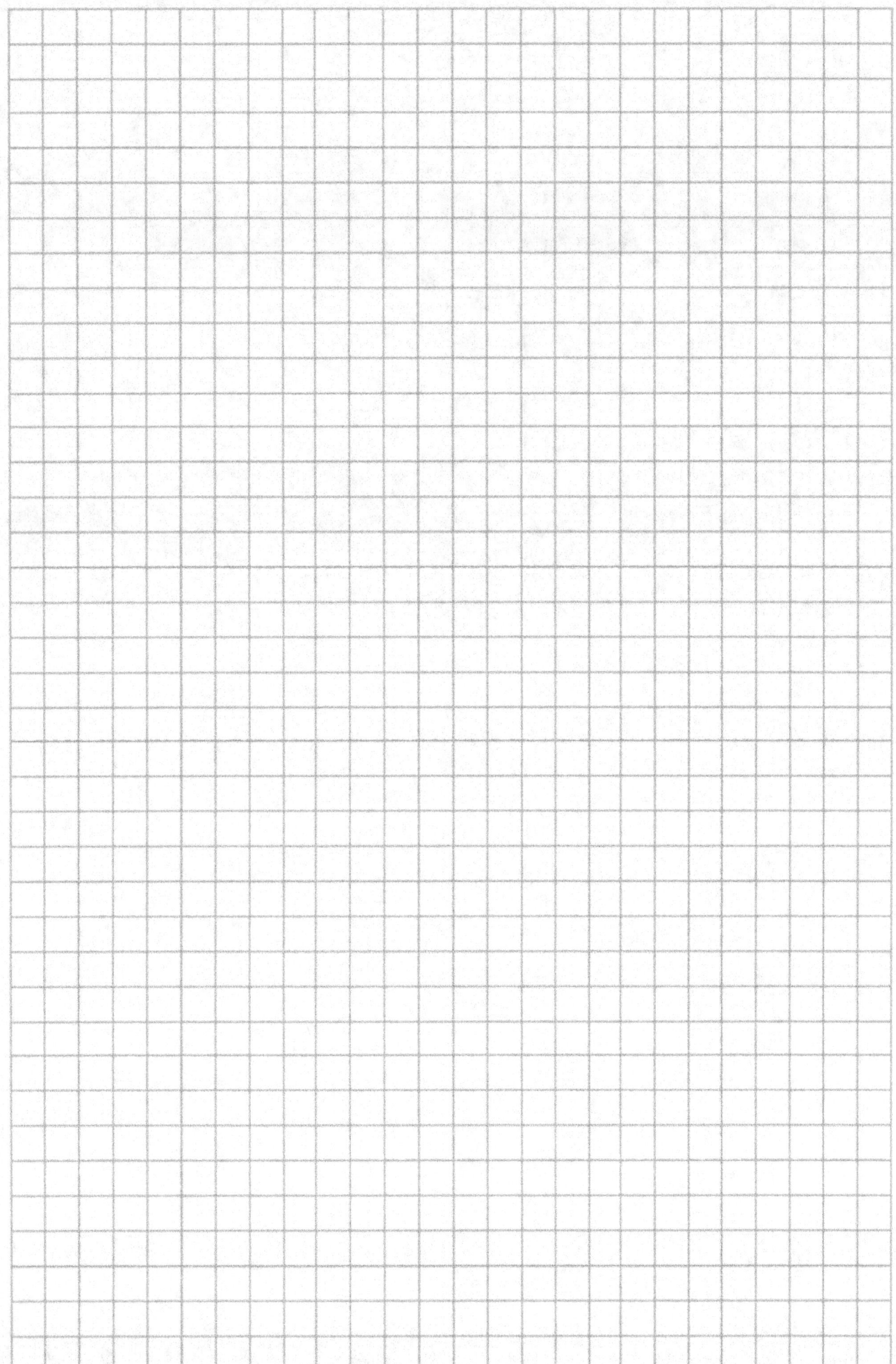

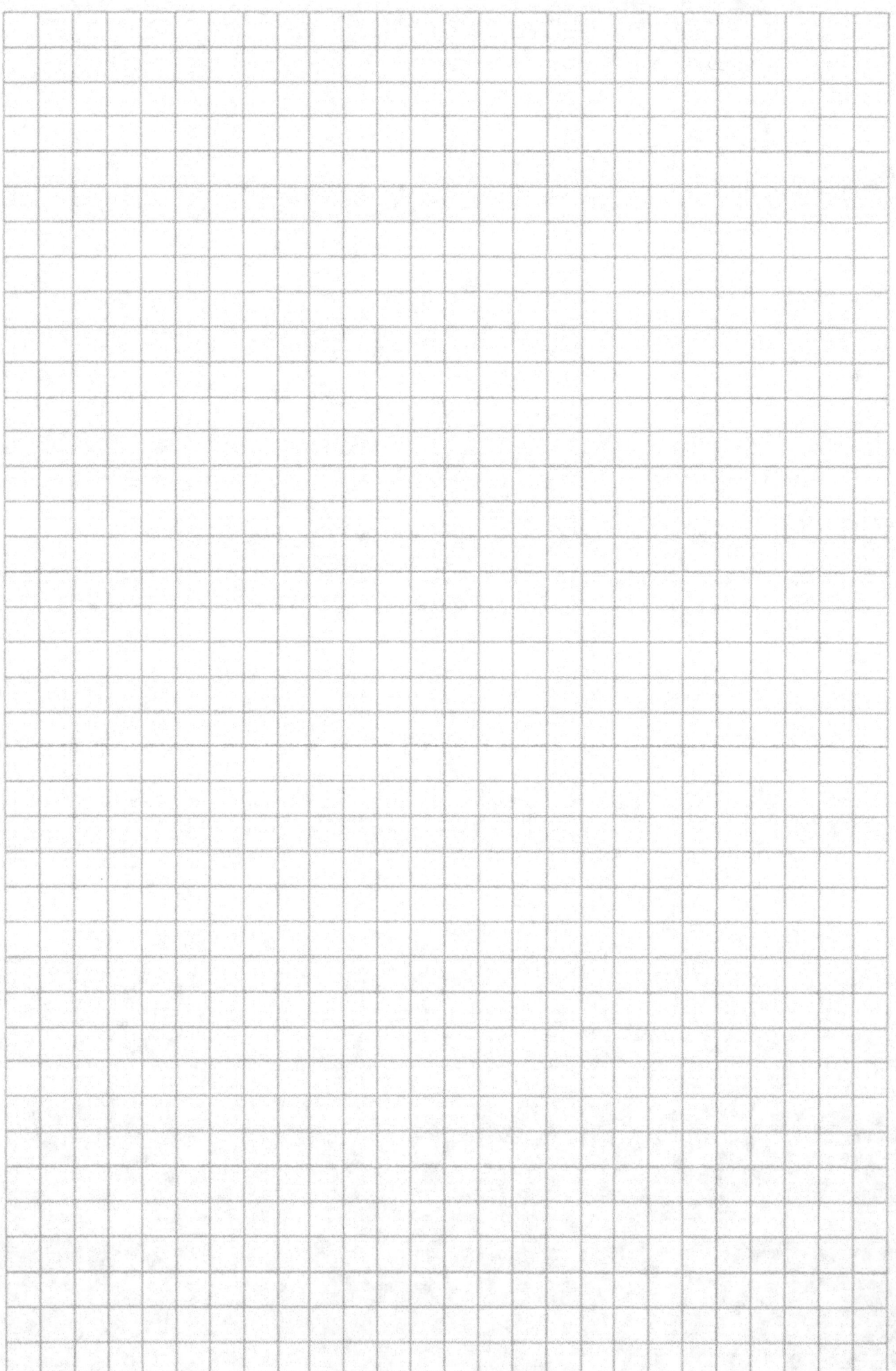

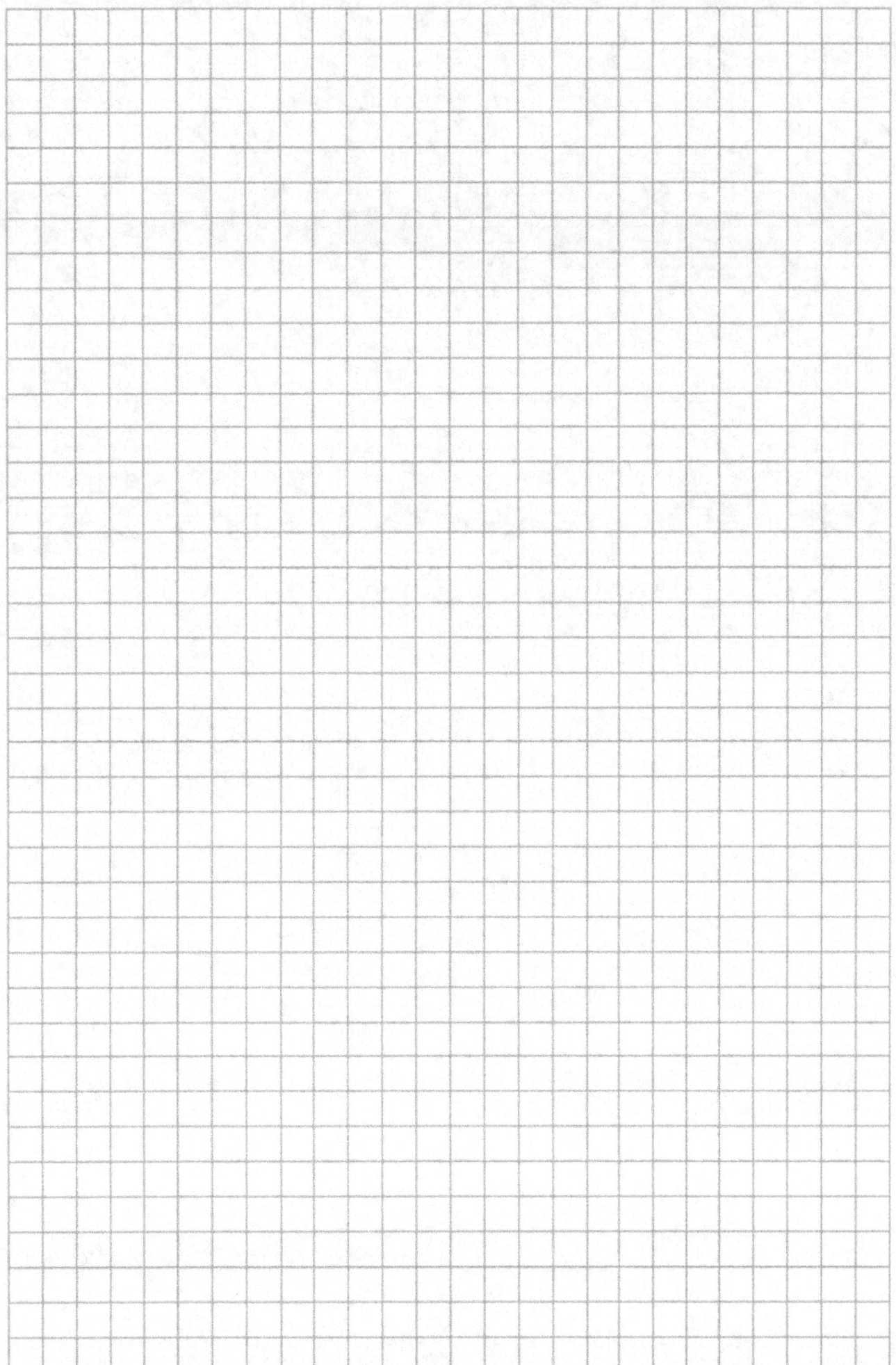

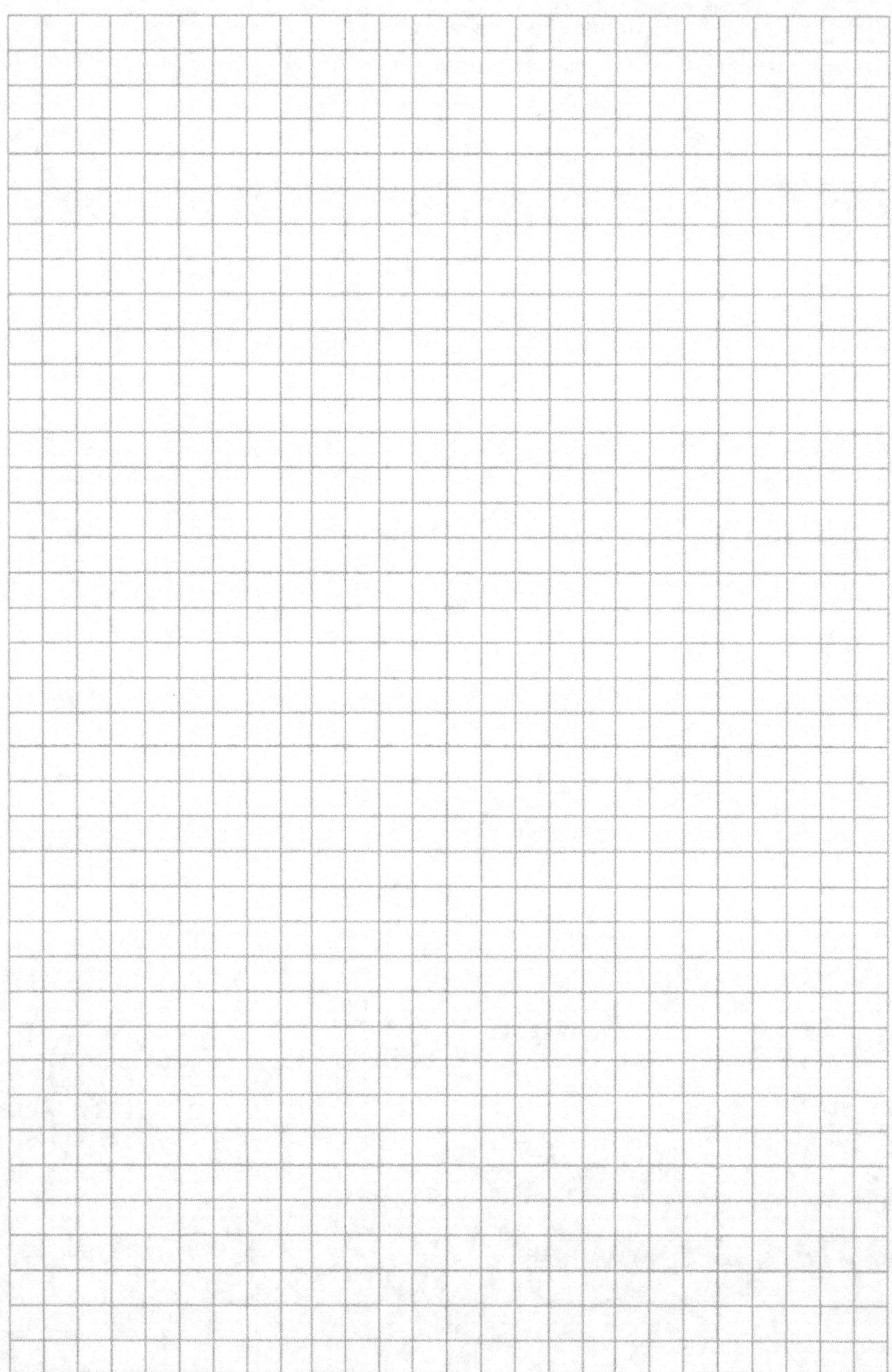

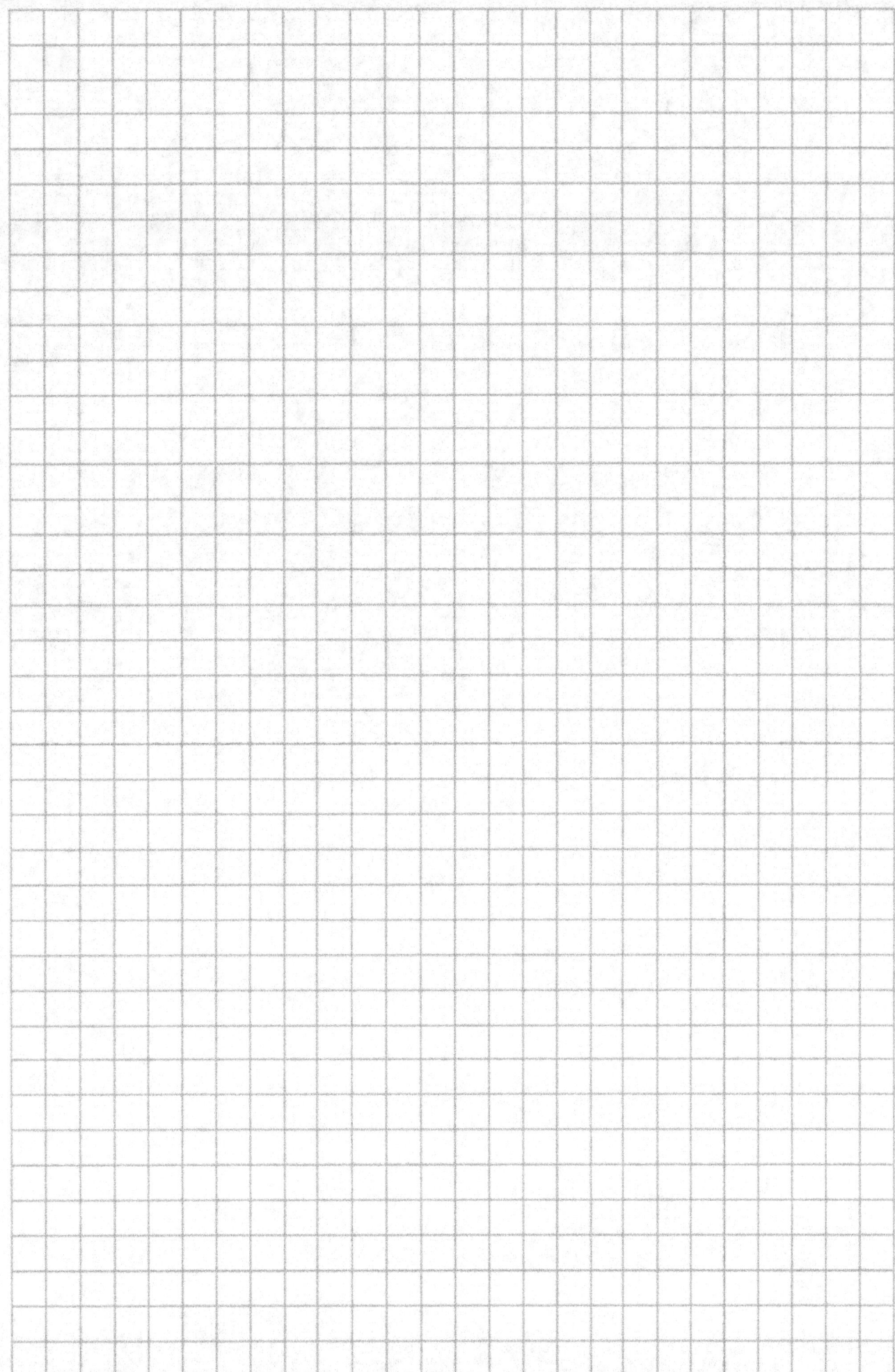

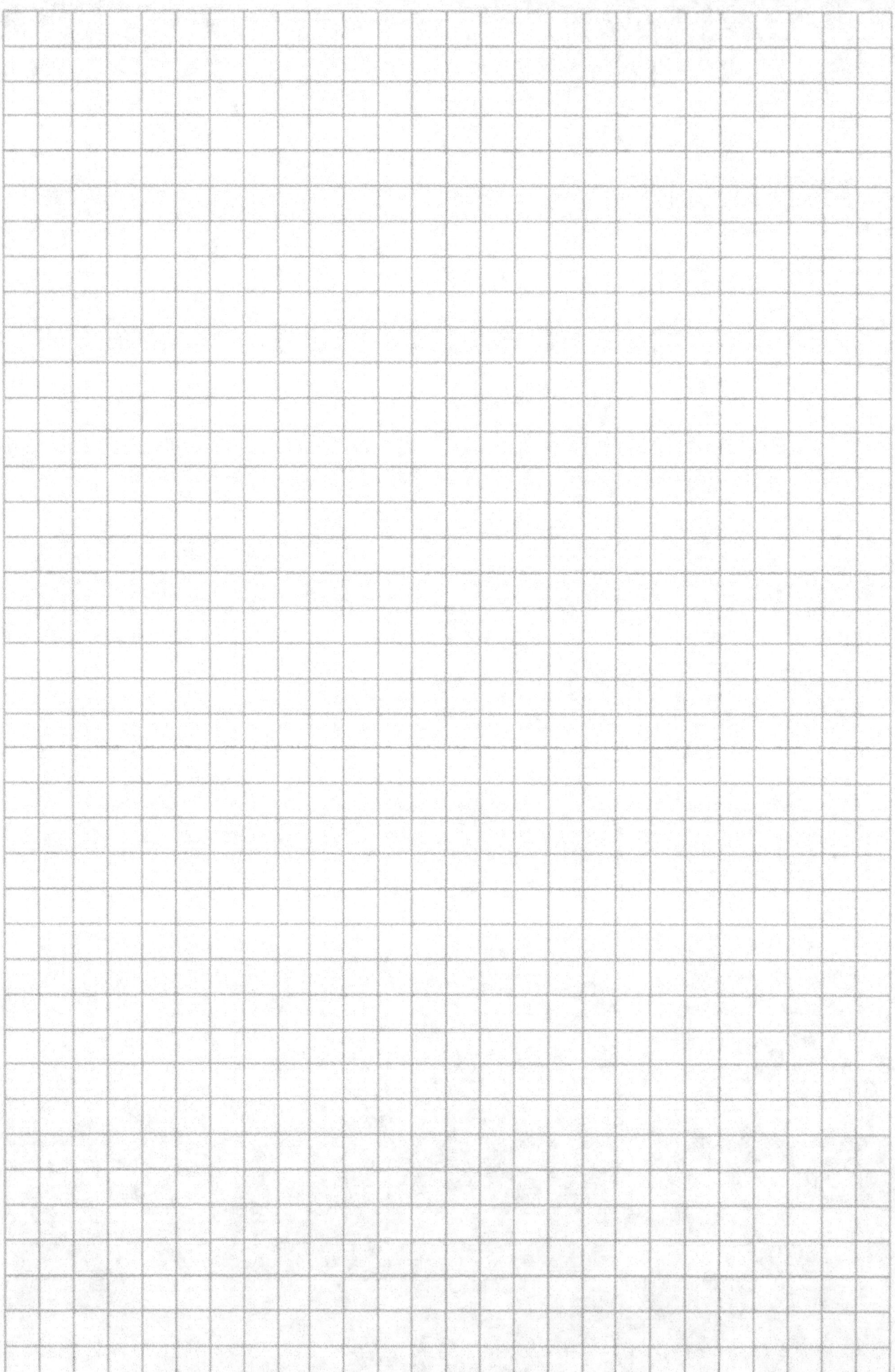

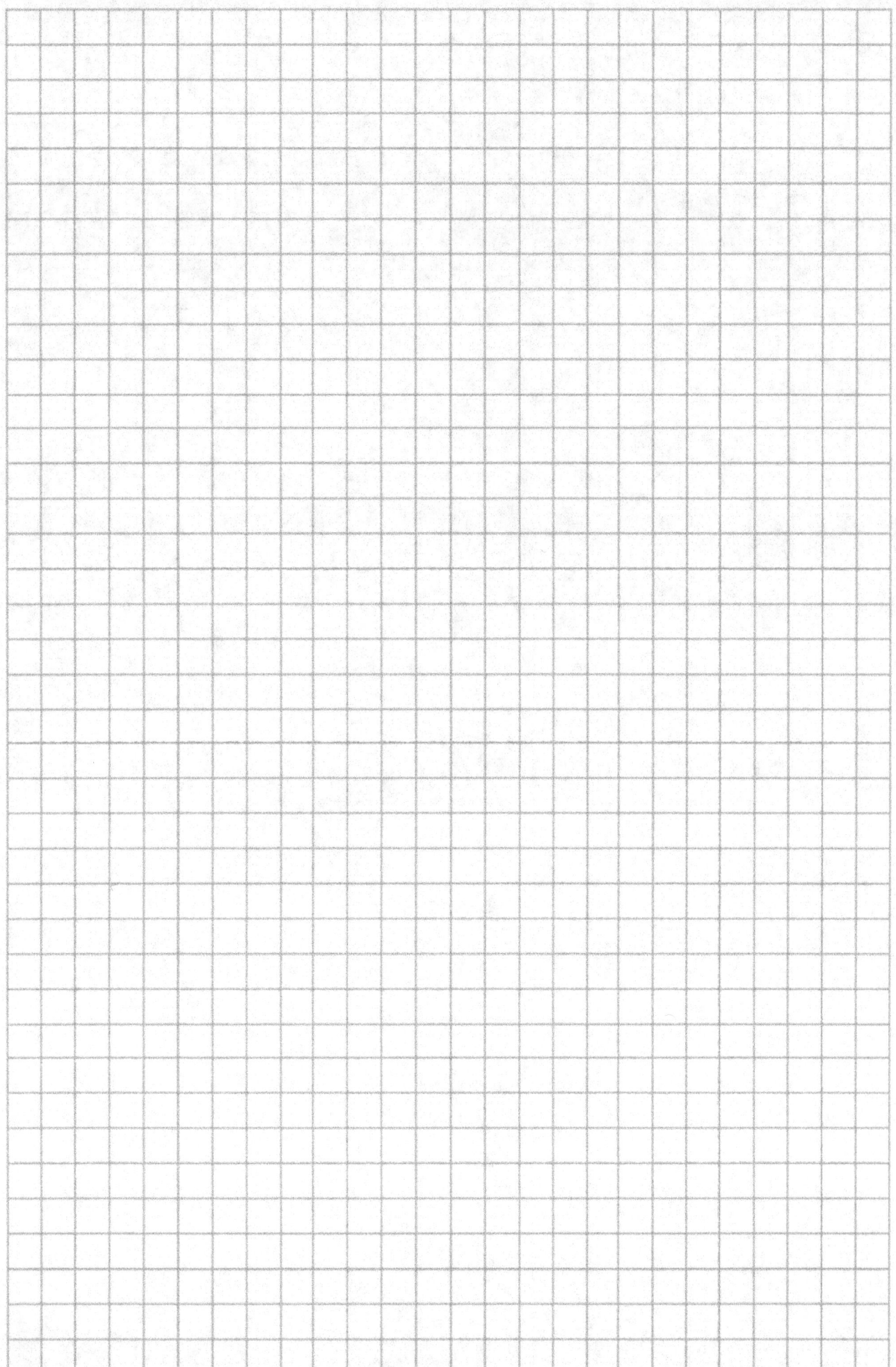

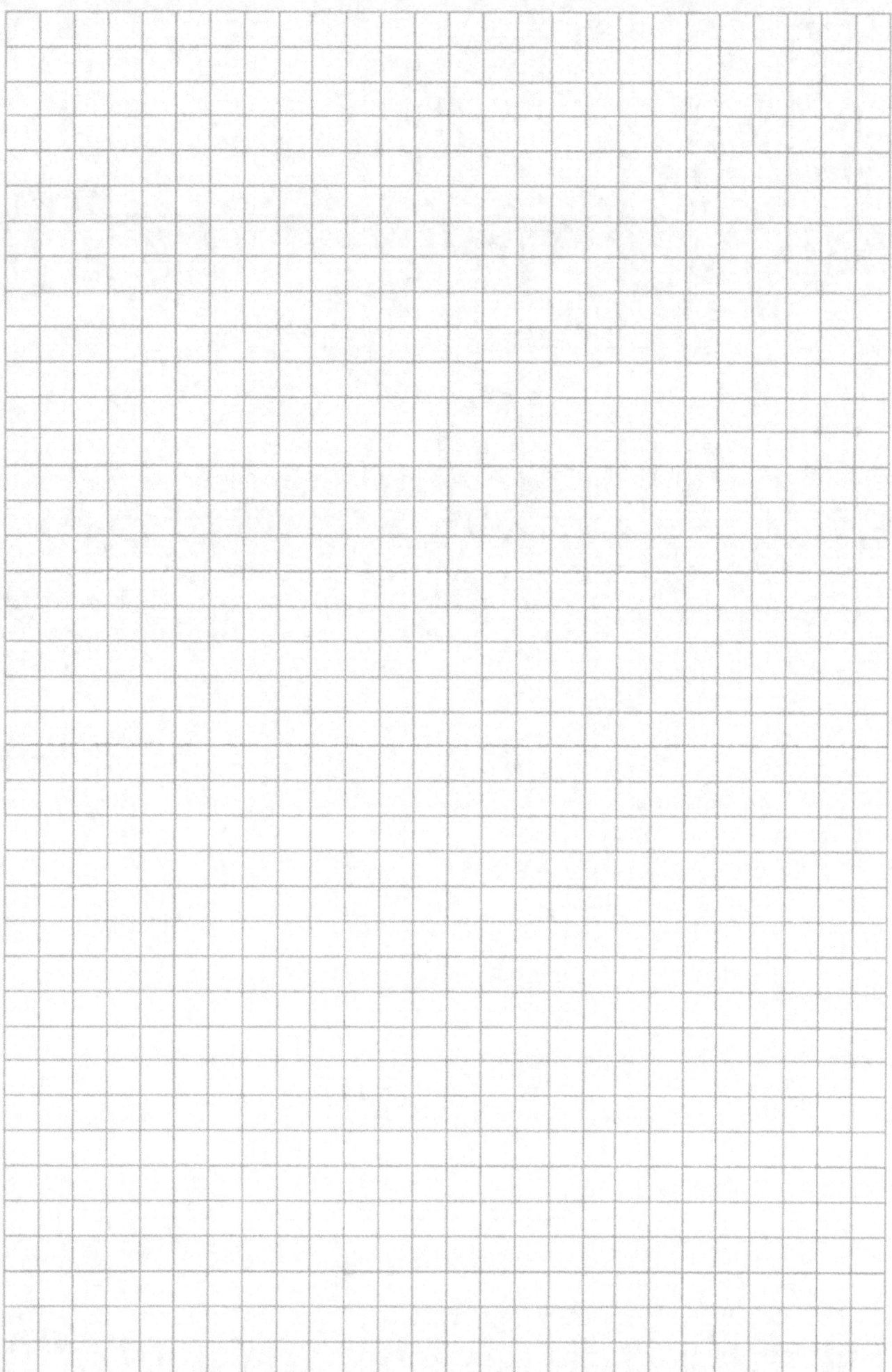

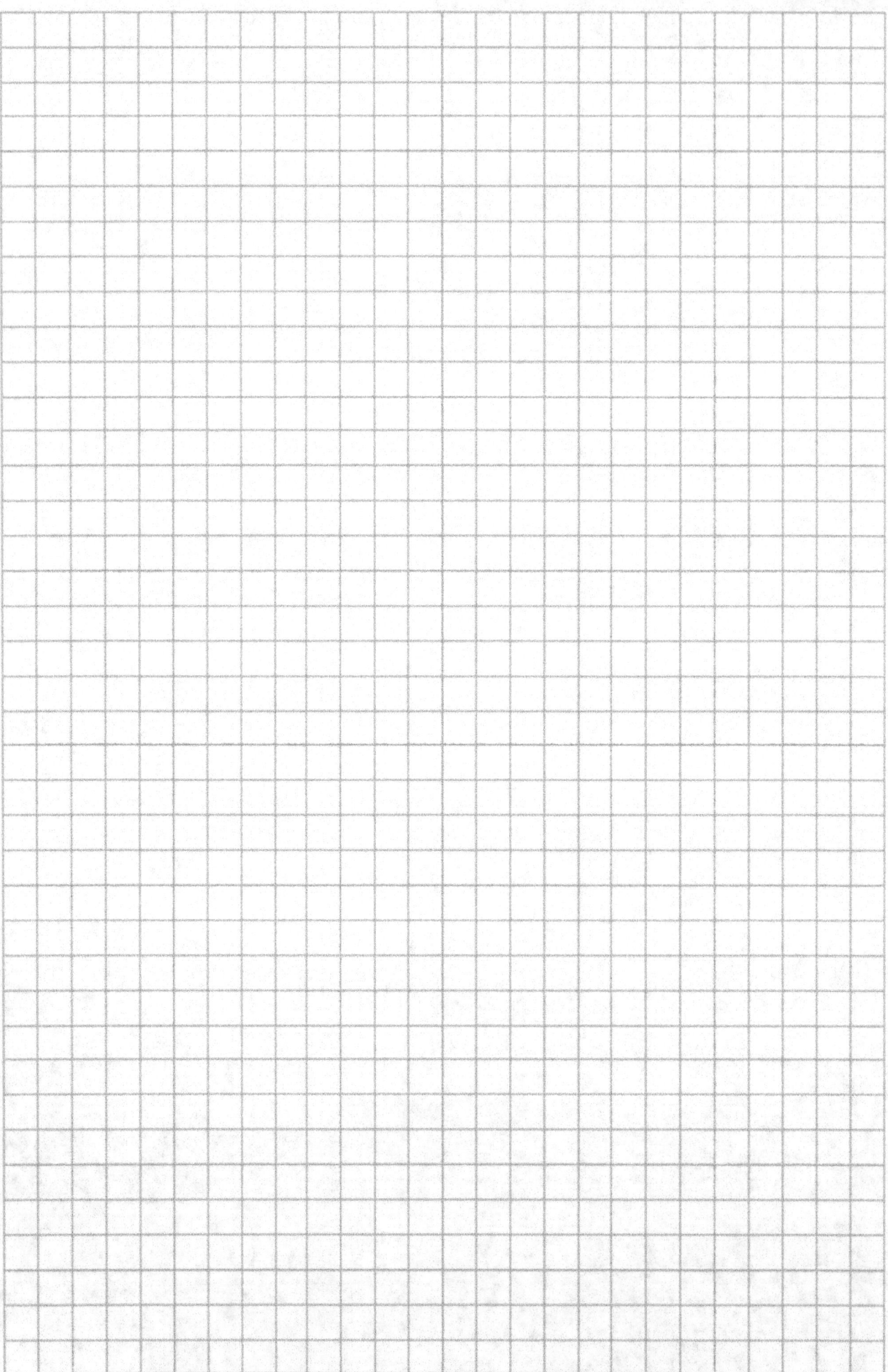

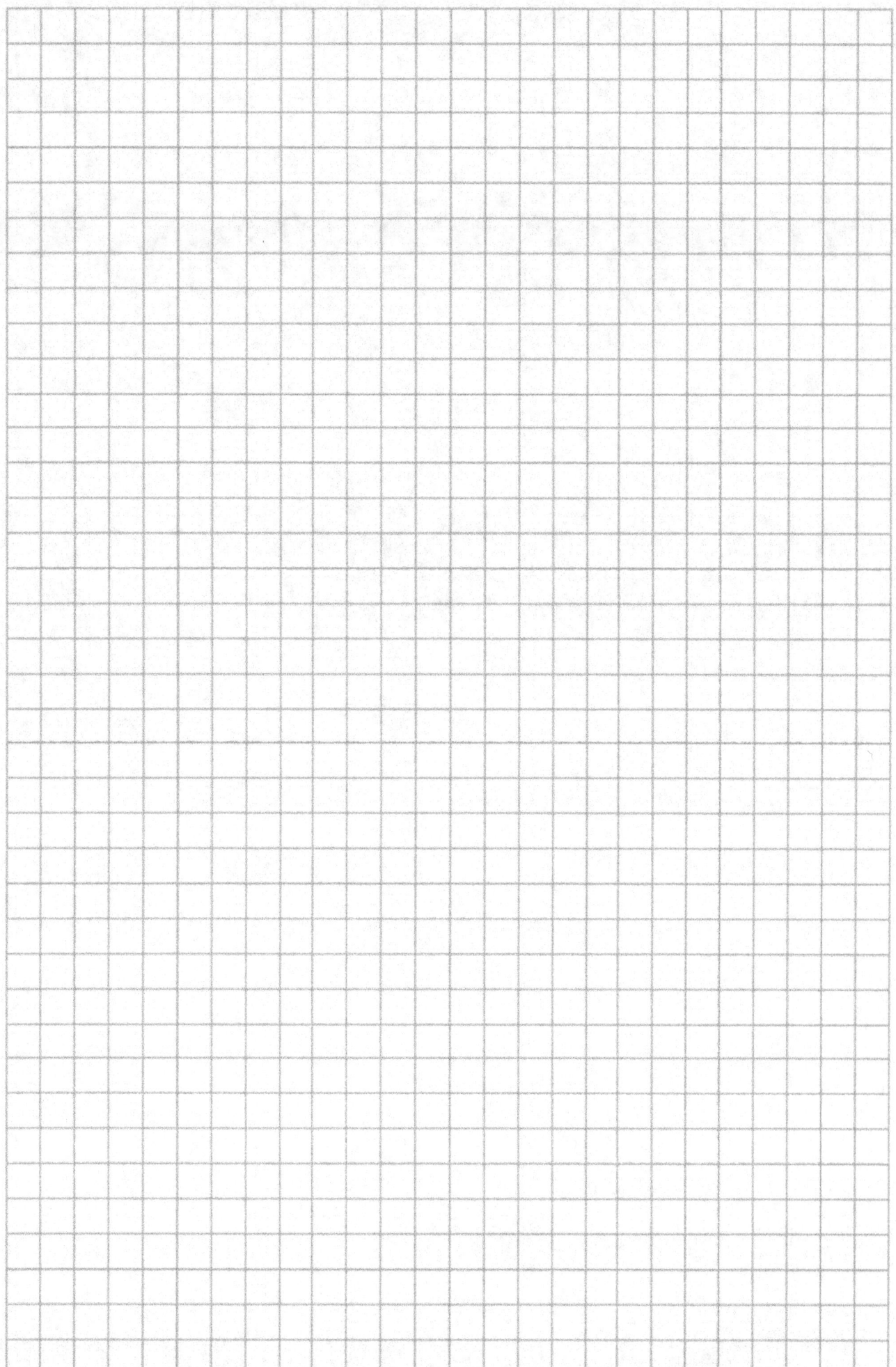

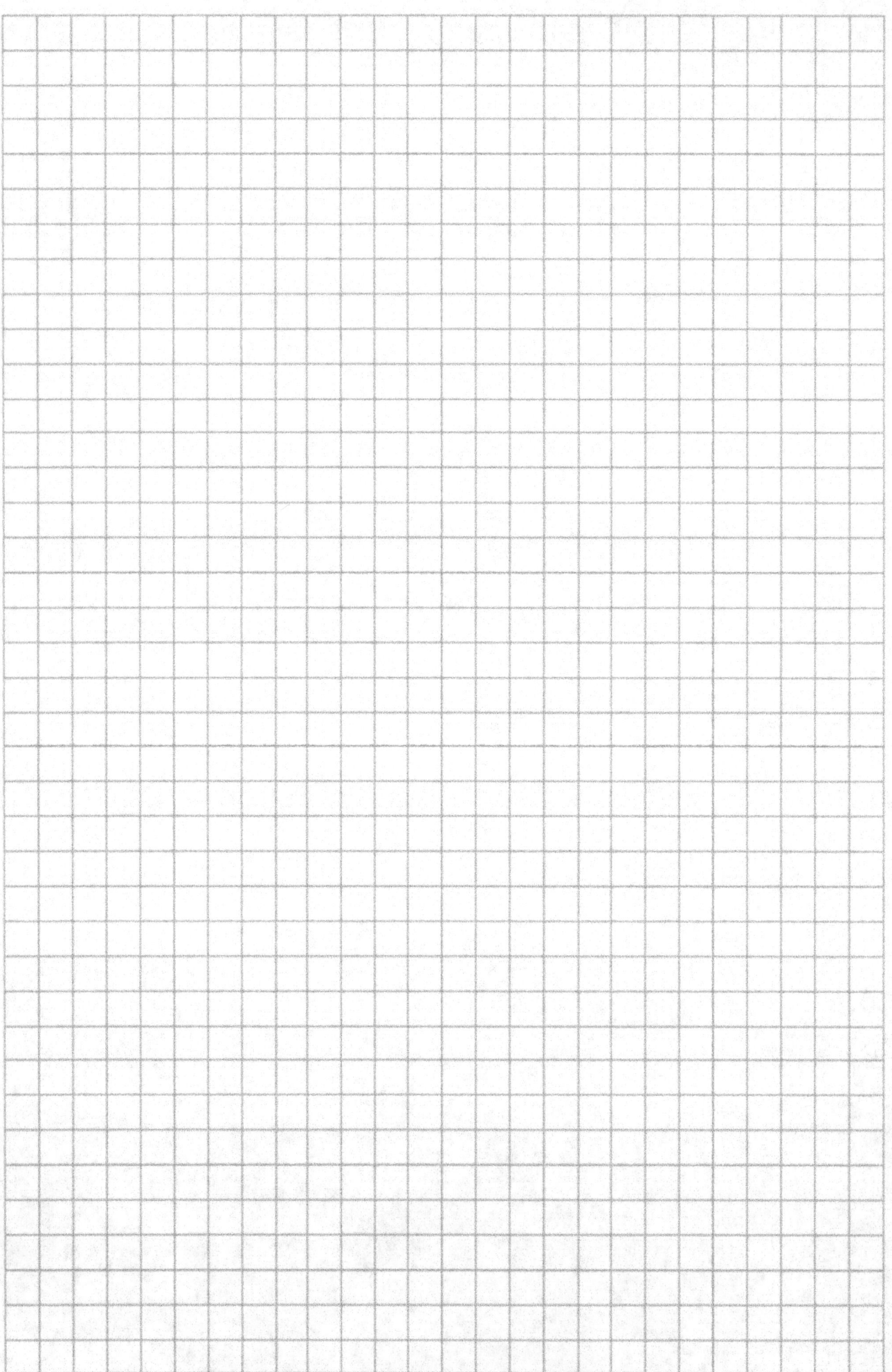

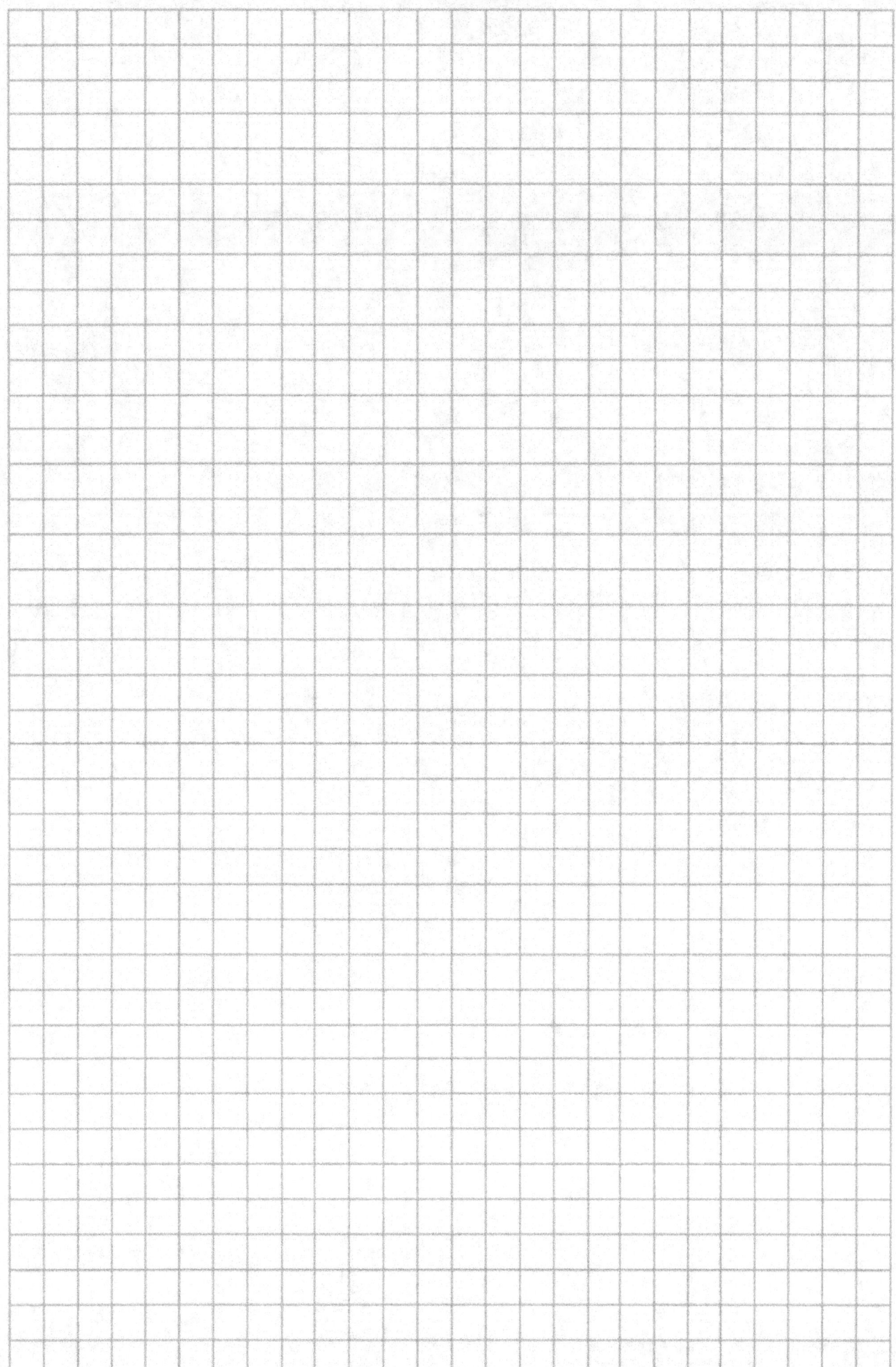

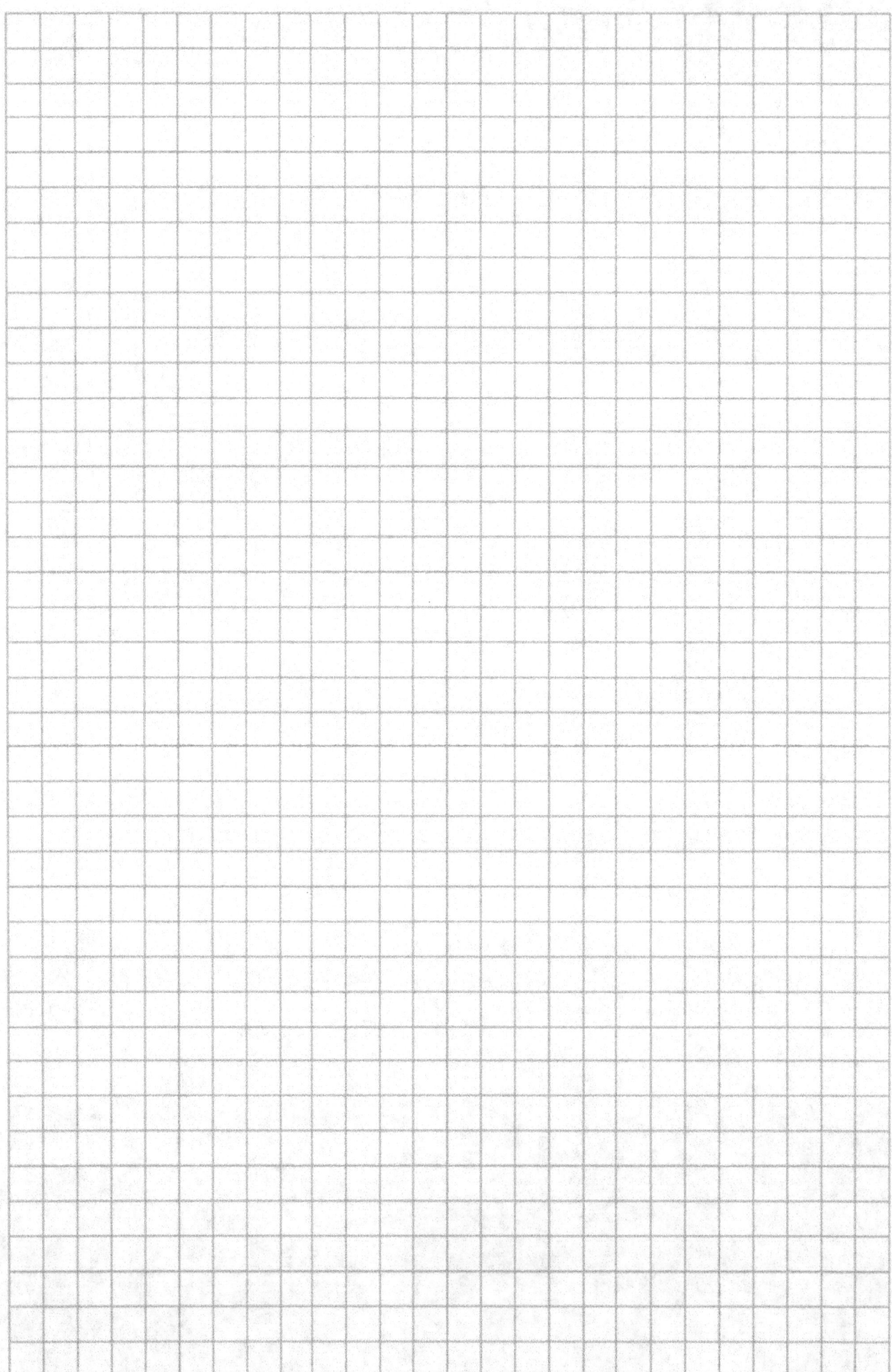

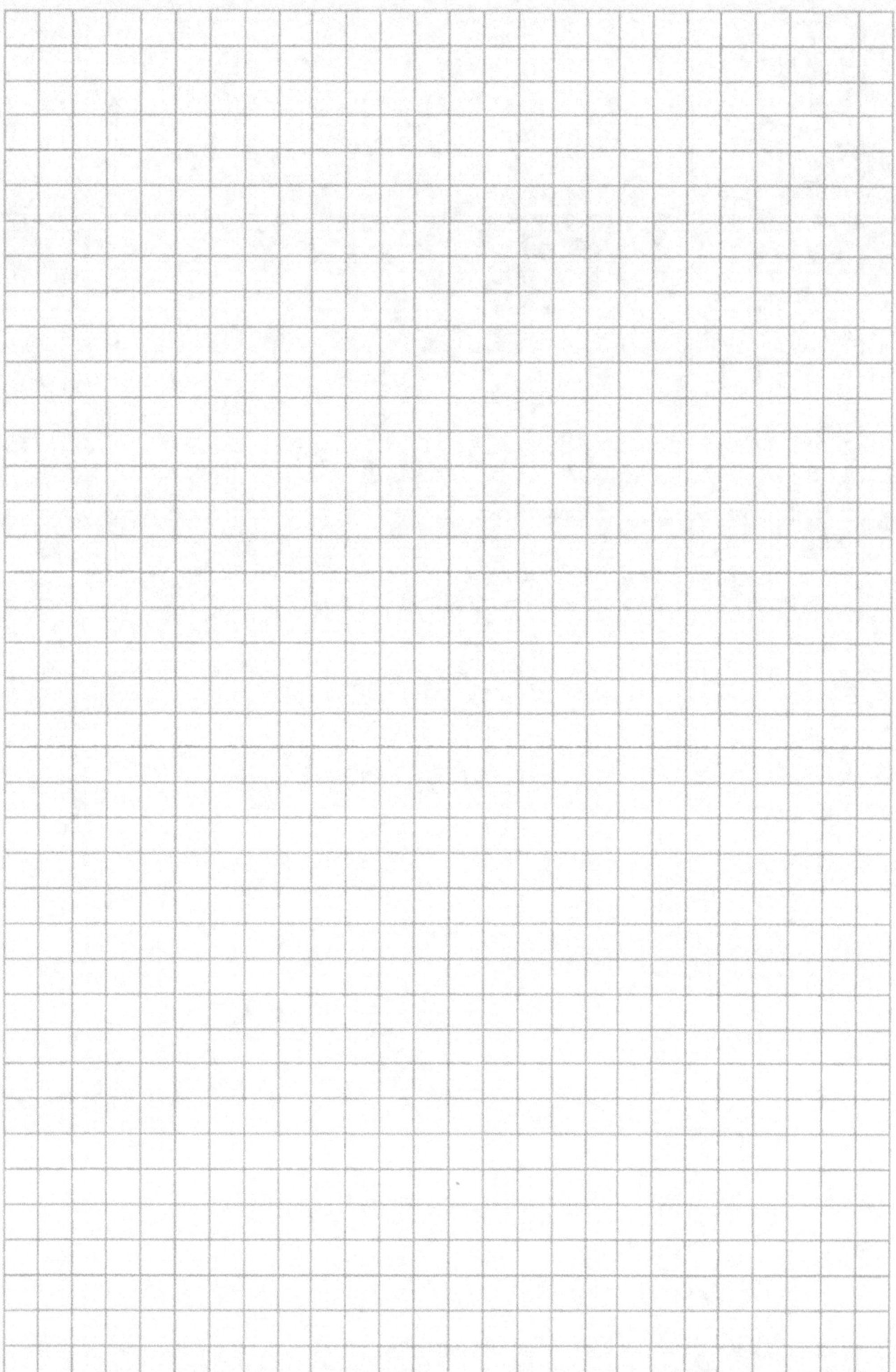

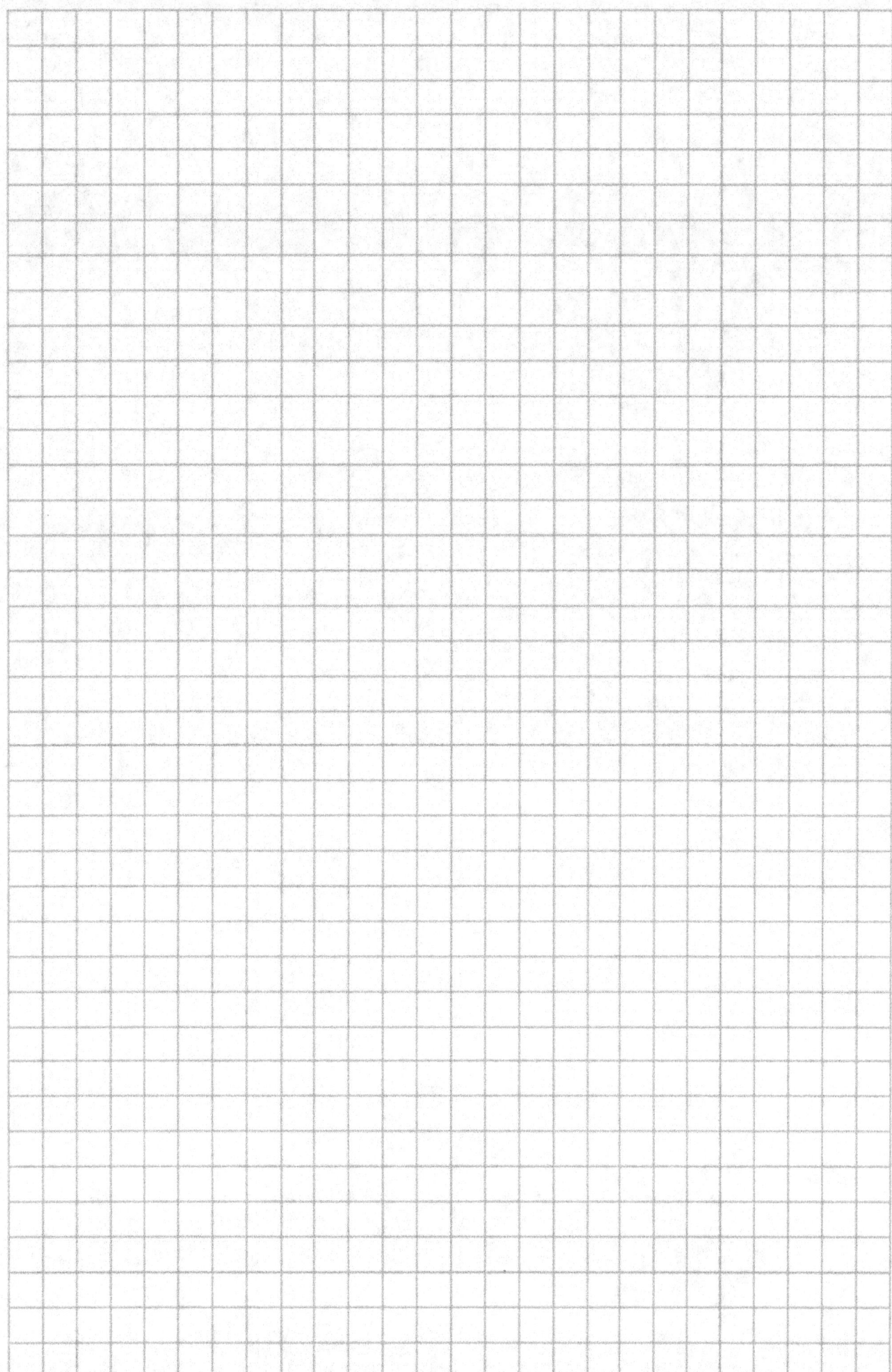

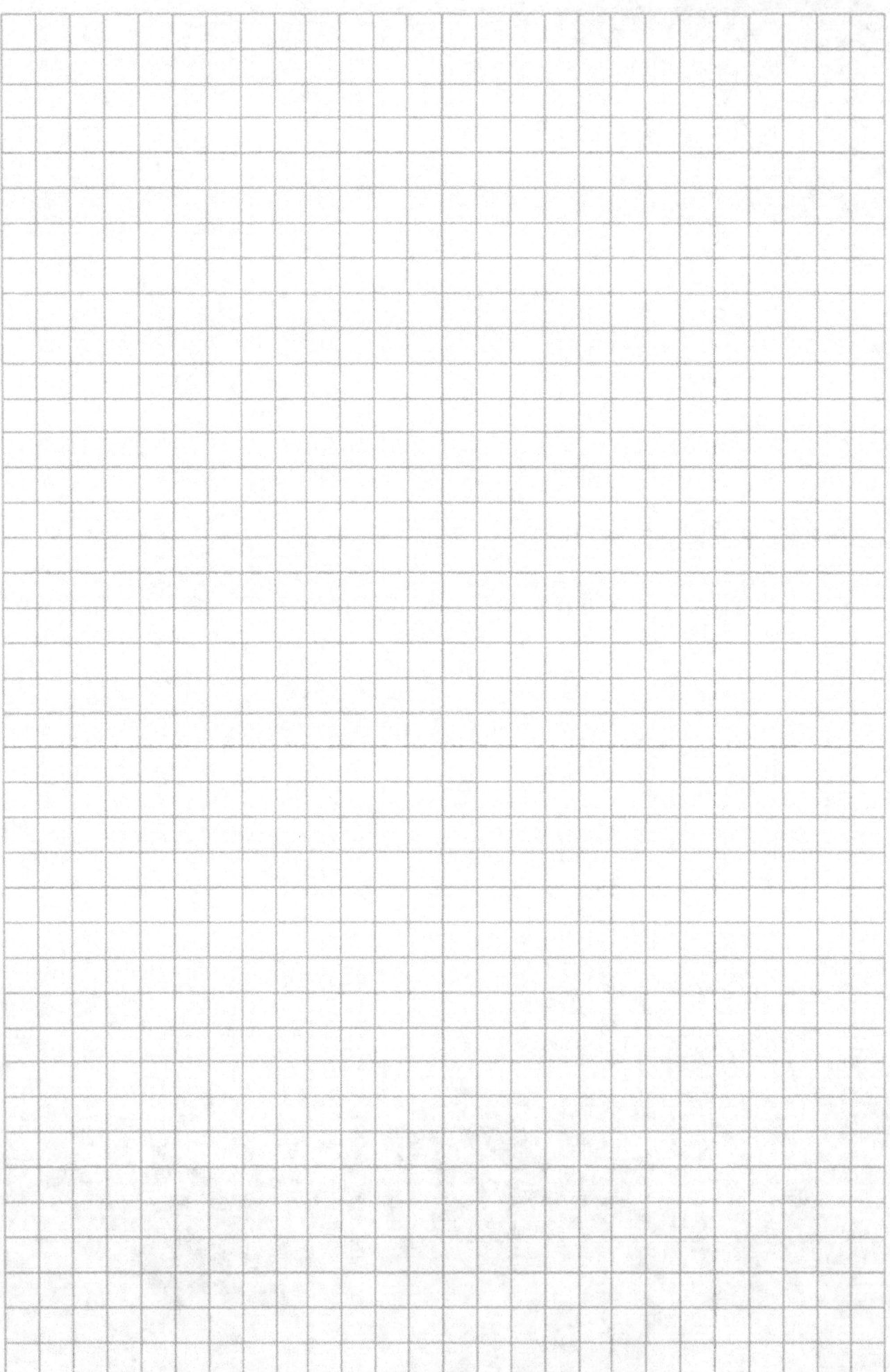

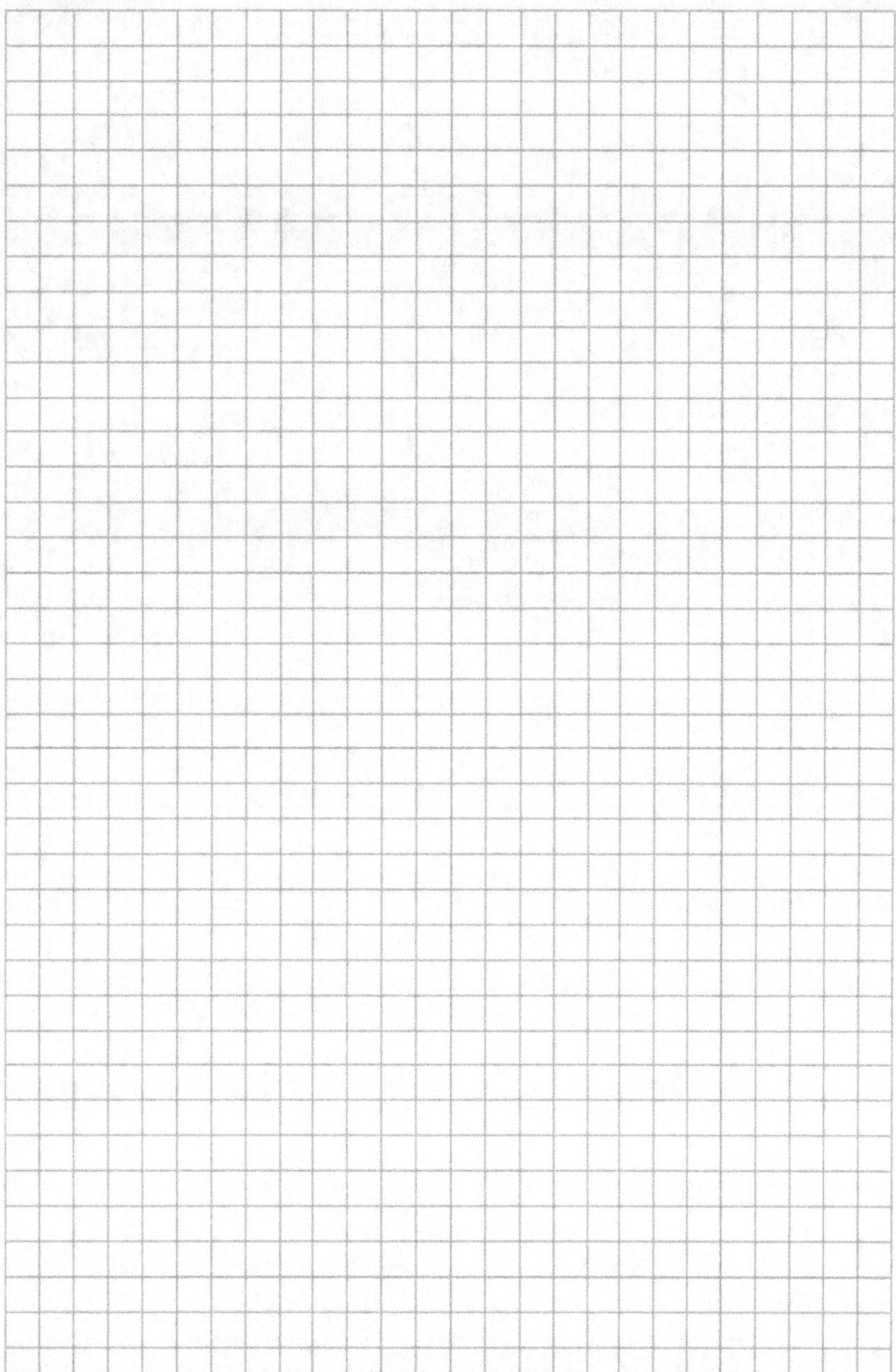

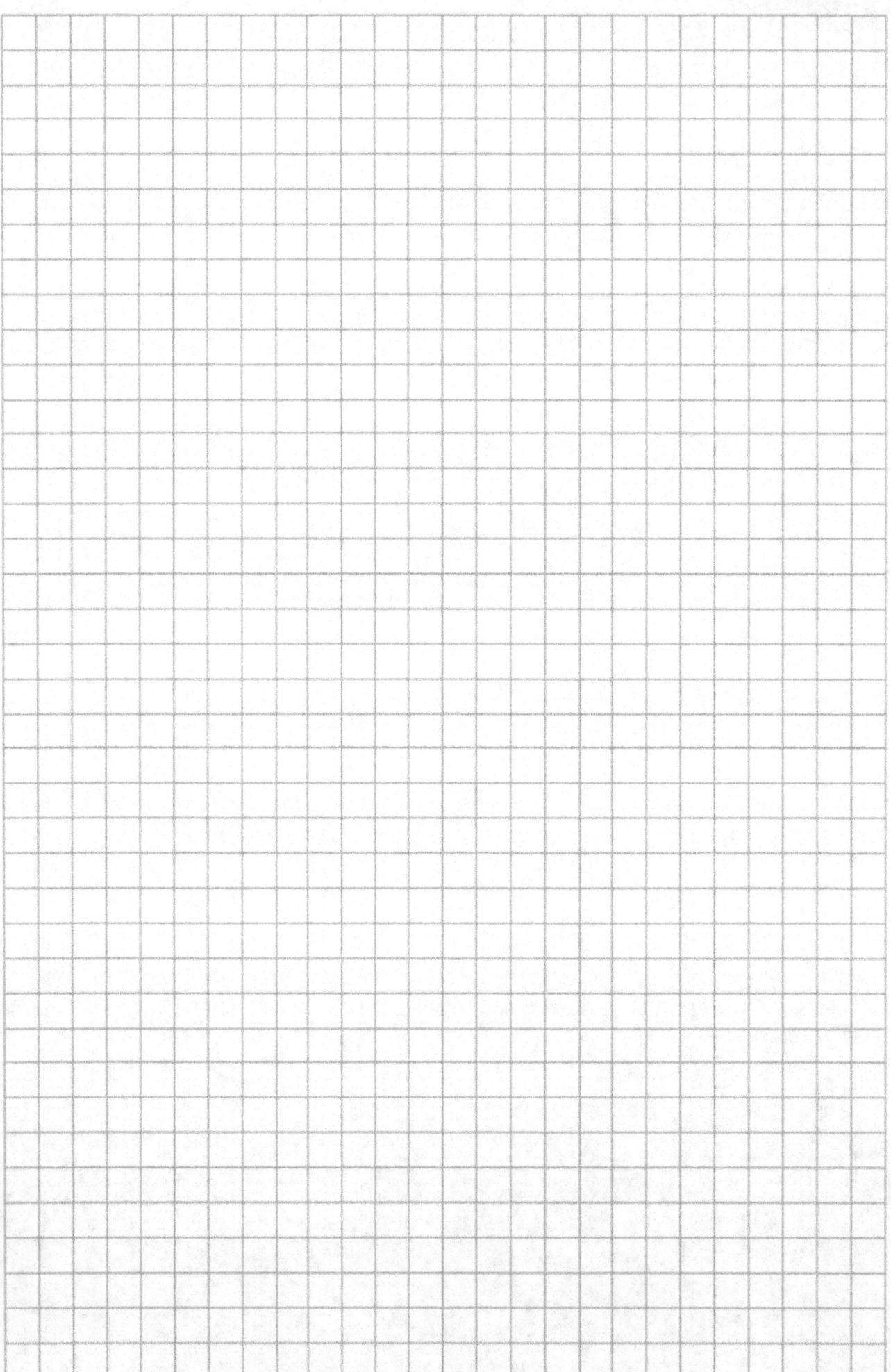

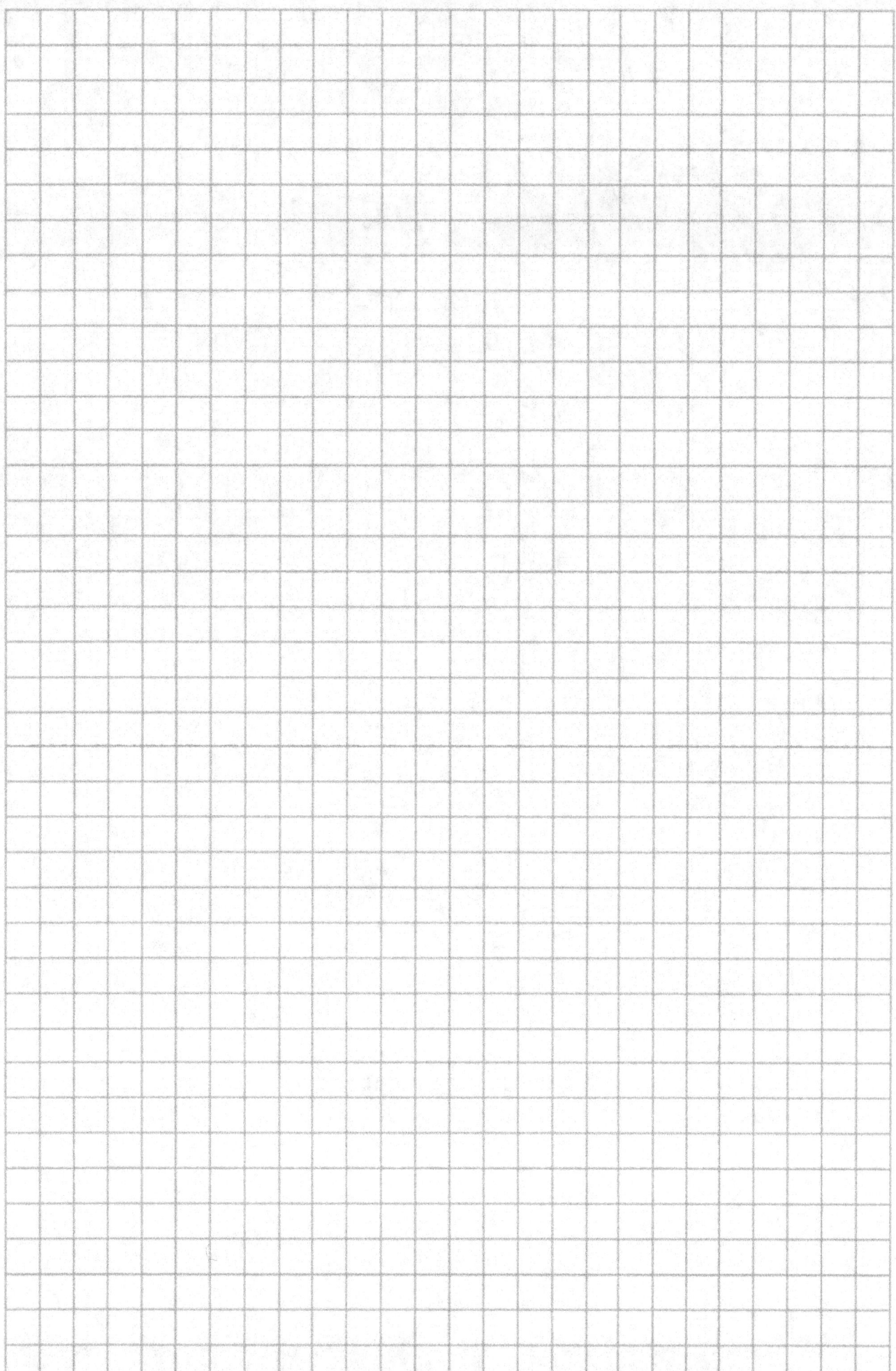

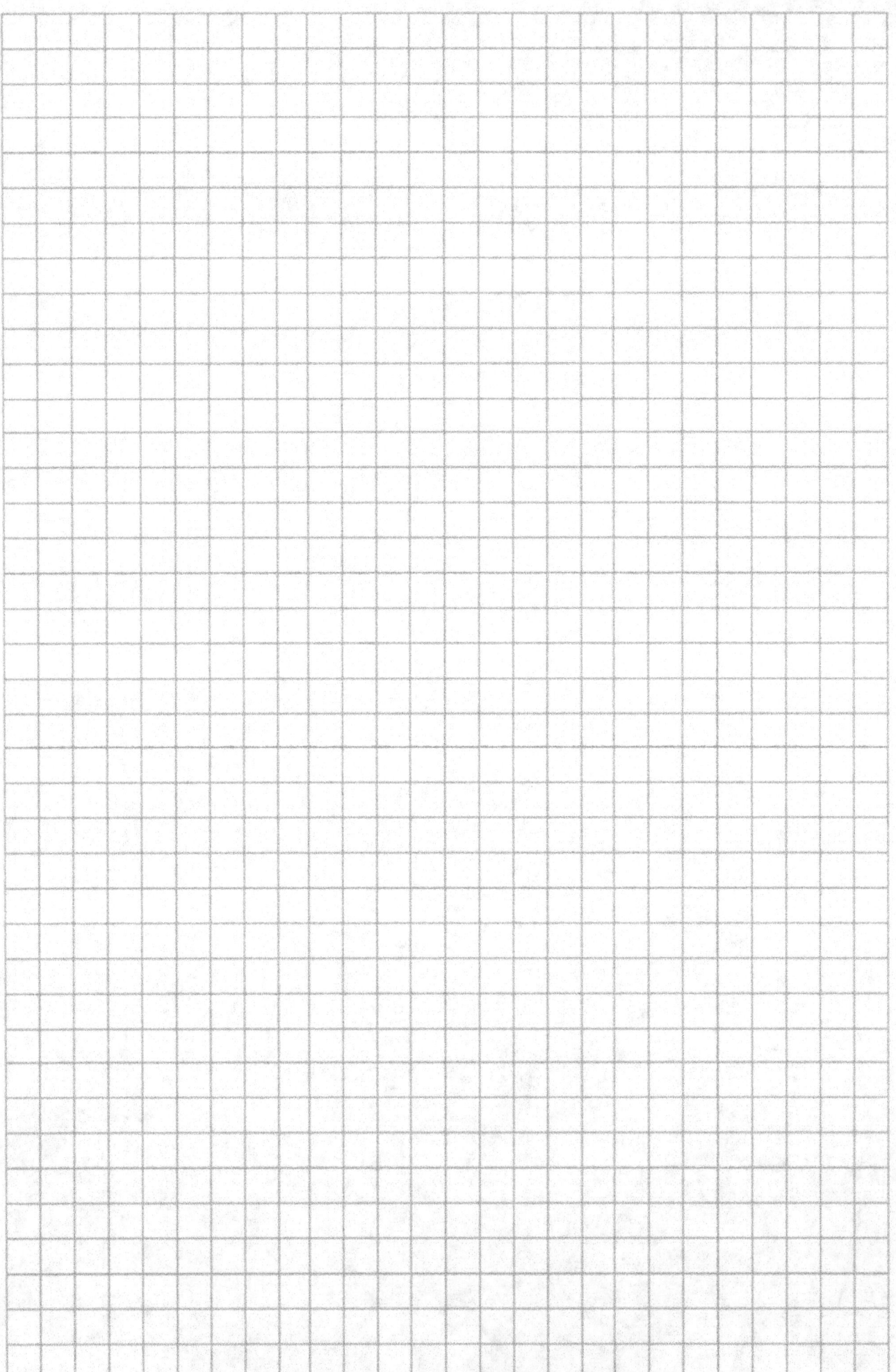

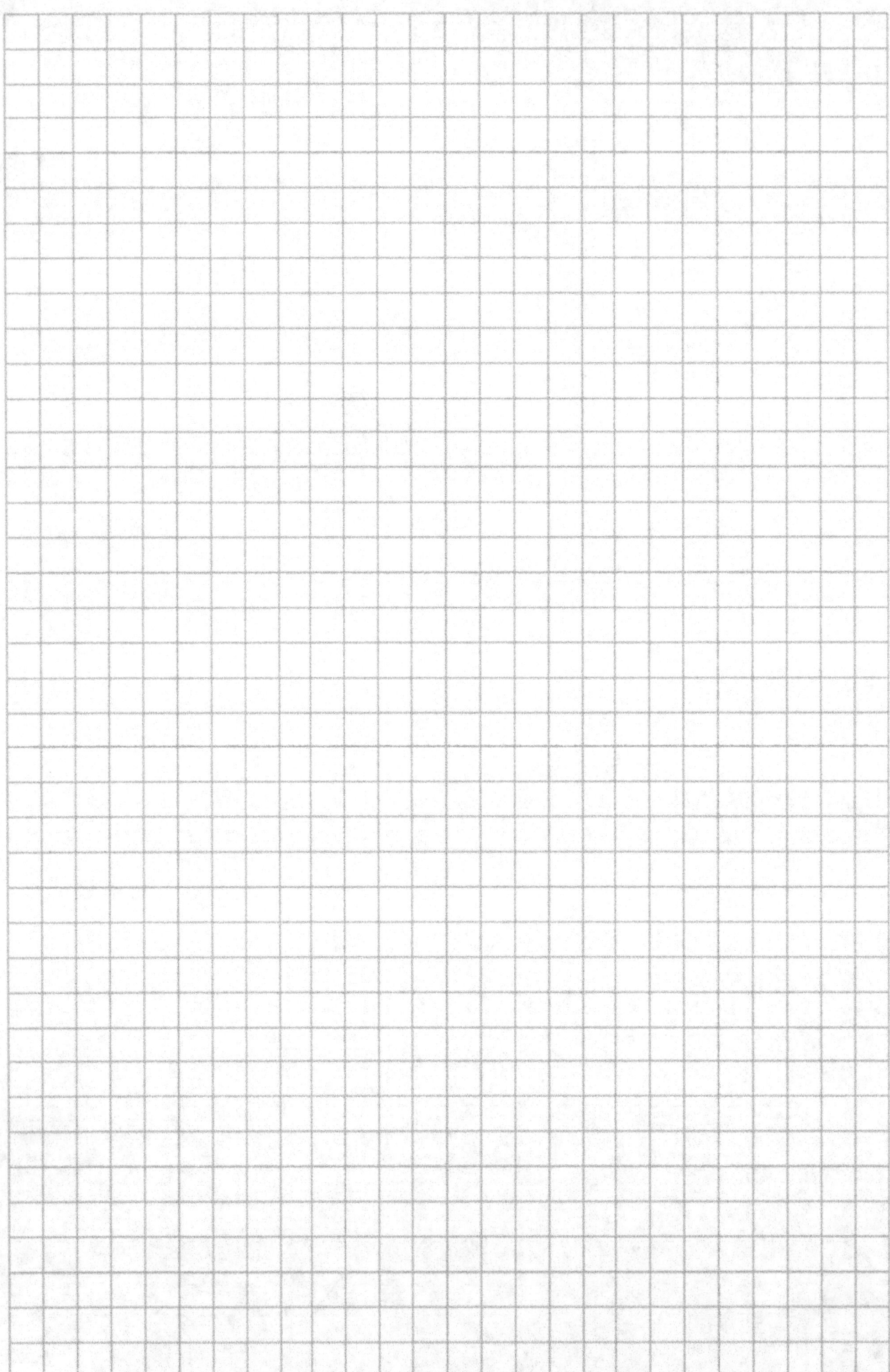

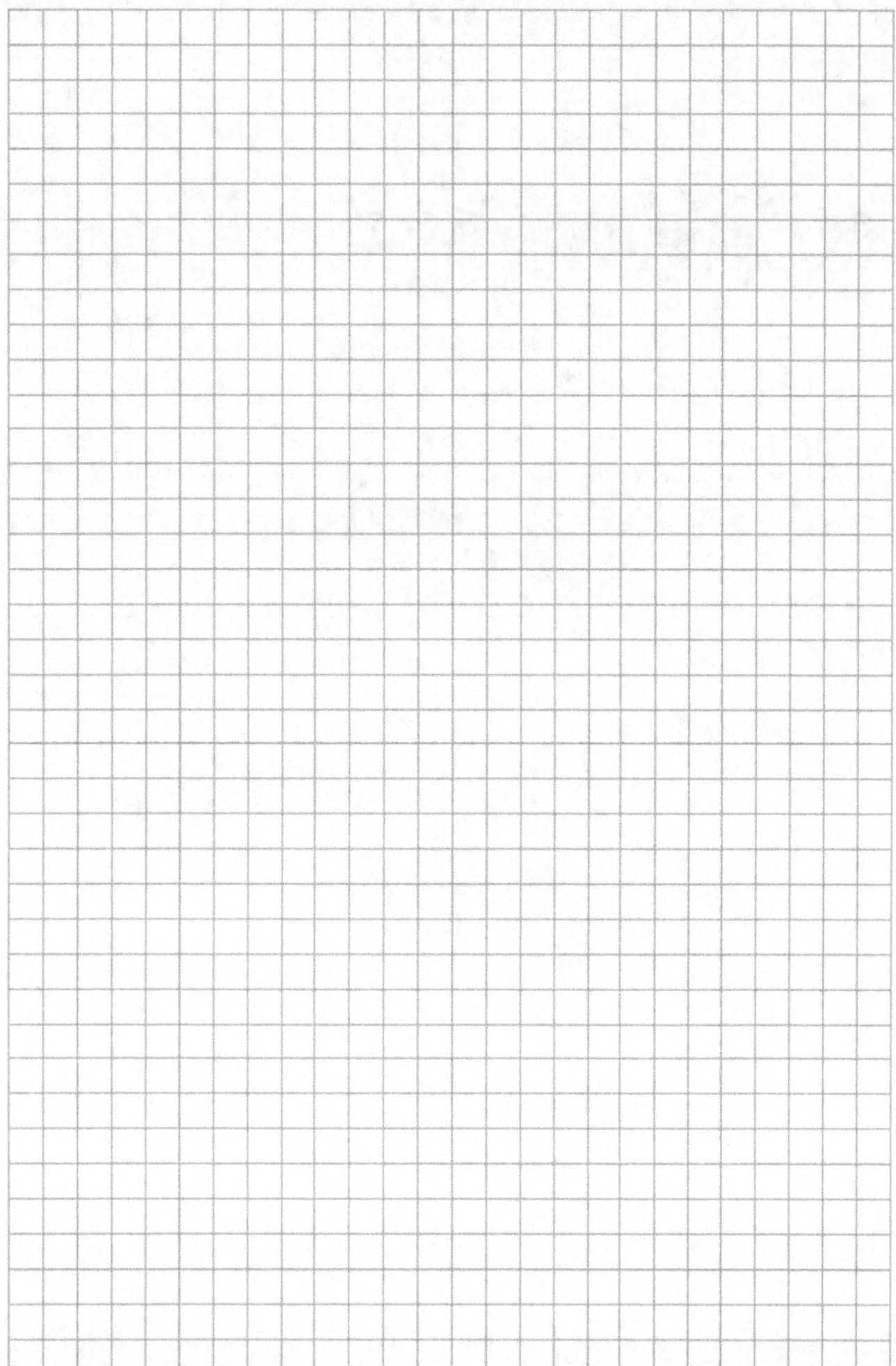

www.ingramcontent.com/pod-product-compliance
Lightning Source LLC
Chambersburg PA
CBHW080840220526
45467CB00008B/2340